Der SchnellerSchlauerMacher für Zufall und Statistik

Christian H. Hesse

Der Schneller-SchlauerMacher für Zufall und Statistik

Christian H. Hesse
Institut für Stochastik und Anwendungen,
Fakultät Mathematik und Physik
Universität Stuttgart
Stuttgart, Deutschland

ISBN 978-3-662-47119-7   ISBN 978-3-662-47120-3 (eBook)
DOI 10.1007/978-3-662-47120-3

Die Deutsche Nationalbibliothek verzeichnet diese Publikation in der Deutschen Nationalbibliografie; detaillierte bibliografische Daten sind im Internet über http://dnb.d-nb.de abrufbar.

Springer Spektrum

Planung: Dr. Andreas Rüdinger
Zeichnungen: Alex Balko

Gedruckt auf säurefreiem und chlorfrei gebleichtem Papier.

Springer-Verlag GmbH Berlin Heidelberg ist Teil der Fachverlagsgruppe Springer Science+Business Media
(www.springer.com)

Für A und H und L
Übrigens: +C in 34°25′14,0″N, 119°52′05,2″W > life

Das Vorwort für U18

Willkommen im richtigen Buch für euch! Das hier ist weder ein Comic noch ein 0815-Büchlein über Mathematik. Auch kein Haha-Handbuch. Aber es hat von allem etwas. *Mathe machen x anders* könnte man das Endprodukt nennen.

Wer seit Jahrzehnten Mathematik gemacht hat – erst in der Schule, dann an der Uni und später als Profi, also ich –, dem ist klar, dass die meisten Bücher, mit denen man dabei zu tun hat, ziemlich bierernst und keinenspaßverstehend daherkommen. In der Schule besonders. Mathetexte sind da sogar noch schlimmer als andere. No doubt.

Viele Schüler zeigen der Mathematik den Dislike-Daumen, weil angeblich contracool und Justin-Bieber-widrig. Nirgendwo sonst wird ihre Lernlust so komplett und ungetrennt in die Tonne getreten. Mathestunden sind eine Variation über das Thema „Nie wieder" und die gelernten Mathematerialien werden am Ende der Schulzeit zur biologisch am schnellsten abgebauten Stoffklasse. Halbwertszeit: nicht der Rede wert.

Die in der Schule so seiende Mathematik muss aber nicht so sein. Und sie kann nicht so bleiben. Sie muss sich ändern. An Qualen mit Zahlen sollten sich wohlmeinende Menschen nicht gewöhnen müssen. Dies ist deshalb ein Mathebuch für nette Leute, die manchmal „Mathe ist Schei …" sagen.

Die Mathematik kann sich nämlich auch reizvoll präsentieren. Denn sie ist ein packendes Abenteuer im Kopf. Voller Feel-Good-Ideen. Das will dieses Buch verdeutlichen: Mathe minus Missvergnügen wird hier von Anfang an angepeilt als Gegengift gegen jede Mathe-Horror-Amok-Show. Hier seht ihr Mathematik als Lernsafari und in Nagelneubesetzung: Mehr Worte, mehr Bilder, mehr Lust und Laune. Und ab und an ein Witzadventure. All das findet sich zwischen den Deckeln dieses Buches.

Wenn ihr es lest und allen Ernstes nichts wirklich cool findet, dann kenne ich euch nicht mehr.

Klar: Mathematik hat es in sich. Sie ist nicht leicht zu haben. Dieser Satz bleibt wahr. Aber sie ist der Mühe wert. Das sagen die, die sie verstehen, verehren und anwenden können. Aber warum eigentlich?

Ganz einfach. Weil sie guttut. Und viel kann: Nie war sie so wertvoll wie heute. In der modernen Welt muss man von ihr mehr wissen als Bruchrechnung, Prozentkalkulation und Dreisatz. Mehr können als den Stoff bis zur 7. Klasse. Auch von der Mathematik des Zufalls muss man Ahnung haben. Allein schon um Chancen und Risiken in vielen Lebenslagen einschätzen zu können. Denn Zufall ist überall.

Mathematik hilft uns auch ganz tüchtig, gute Entscheidungen zu treffen und schlechte Fehler nicht zu machen. Also kurz gesagt: besser zu leben. Im Ernst. Denn auch das wissen Wissenschaftler aus Studien: Wer mehr Mathe kann, hat mehr vom Leben und ist im Schnitt glücklicher. Wozu weiter nichts zu ergänzen wäre.

Aber noch etwas müsst ihr wissen: Um bei diesem Buch durchzublicken, braucht ihr nicht das geheimnisumwitterte Wissen von Matheleistungskursen höherer Schulen. Selbst schwacher Fleiß und mittlere Kondition sind kein Hindernis. Ein gesunder Menschenverstand und ein paar Dinge, die man bis ins 9. Schuljahr lernt, reichen aus. Damit kann ich euch schon zeigen und ihr könnt sehen, wie wunderbar die Mathematik des Zufalls ist.

Also: Wie wär's mit ein bisschen was über Zufall und Zufälle?

Gut, dann legen wir doch gleich los.

Viel Spaß dabei und: Glück auf.

Euer Mathe-für-Euch-Macher
aus Mannheim   Christian Hesse

Das Vorwort für Ü18

Hier spricht nochmal der Autor. Ich grüße auch all jene ganz herzlich, die sich hier und jetzt über diesem Vorwort befinden. Und da es sich hier um den Ü18-Einstieg ins Buch handelt, ist es fast überflüssig zu erwähnen, dass diese kleine Kollektion von bildbereicherten Geschichten geschrieben und in die Welt gestellt wurde nicht nur für Teenager, sondern auch für Absolut-Erwachsene.

Auf ein paar Gedanken, die so kurz sind, wie sie nachdrücklich sein sollen, will ich mich jetzt aber beschränken. Denn ihr hier Angesprochenen habt sicher schon in das U18-Vorwort gespickt. Und wisset deshalb bereits, worum es bei diesem Ja!-Buch der Mathematik des Zufalls geht.

Es will auf spielerische, auf amüsante, aber dennoch inhaltlich fundierte Weise an ausgewählten Beispielen in das Denken mit Wahrscheinlichkeiten einführen. Faszinierende statistische Effekte gibt es auch zu bestaunen. Ein Verständnis des Zufalls und seiner Eigenschaften ist in unserer hochkomplexen modernen Welt ein wichtiges Accessoire der Weltbewältigung. Ich gratuliere euch zu dem Entschluss, sich dieses Accessoire aneignen zu wollen. Well done.

Das war's vorweg. Ende aller Vorworte. Aber noch ein Gruß aus der Küche: wohl bekomm's!

Inhaltsverzeichnis

1

Ein sattes Kapitel als Kick-off: Wie zufällig ist der Zufall?

Beweist, dass ihr euch nicht
zufällig verhalten könnt.
Selbst bei bester Anstrengung
nicht.
Und obwohl es sehr gut wäre, das
zu können.

Unser Leben ist voller Überraschungen. Zufall überall und ohne Ende. Zufälle in rauen Mengen. Zufallsbegegnungen mit Personen, Dingen, Ereignissen können einem gradlinigen Alltag eine ganz neue Richtung geben. Mindestens aber einen starken Eindruck hinterlassen.

Vor Kurzem las ich über den amerikanischen Schriftsteller Paul Auster, dass er und ein paar Freunde mit 14 Jahren beim Spielen auf dem Feld von einem Gewitter überrascht wurden. Ein Blitz schlug mitten in die Gruppe. Er tötete einen der Jungen. Bei diesem Erlebnis sei ihm klar geworden, meinte Paul Auster, dass er sein Leben dem Zufall ver-

© Springer-Verlag Berlin Heidelberg 2016
C.H. Hesse, *Der SchnellerSchlauerMacher für Zufall und Statistik*,
DOI 10.1007/978-3-662-47120-3_1

dankt. Das kann ich total nachvollziehen. Irgendwie tun wir das doch alle.

Versuchen wir deshalb den Zufall zu verstehen.

Angefangen mit der Frage: Welche Eigenschaften haben Zufall und Nicht-Zufall? Oder erst mal noch einen Tick einfacher:

Wie ist Zufälliges von Nicht-Zufälligem unterscheidbar?

Auch das ist schon eine ziemlich mächtige Frage, an der man sich leicht ein paar Gehirnwindungen verbiegen kann. Wir greifen deshalb nur eine ganz simple und überschaubare Klein-Situation heraus. Eine Zahlenreihe mit nur zwei verschiedenen Zahlen, nur 0 und 1. Selbst in diesem einfachen Mickey-Mouse-Milieu, in einem zierlichen Setting mit zwei Zahlen, ist Zufälligkeit eine ziemlich verzwickte Sache.

Um euch das zu zeigen, erzeugen wir als Erstes eine lange 0-1-Folge. Mit einer Münze.

Ein Münzwurf ist der Inbegriff einer Zufallsaktion. Soll irgendwo auf die Schnelle was entschieden werden, zum Beispiel: welche Mannschaft beim Elfmeterschießen zuerst schießt, wird eine Münze geworfen. Das tun wir jetzt auch. Ganz oft hintereinander. Das, was dabei rauskommt, wird notiert. Für *Kopf* wird eine 1 geschrieben, für *Zahl* eine 0.

Wenn man gerade keine Münze parat hat, lässt sich eine 0-1-Folge natürlich auch dadurch erzeugen, dass man einfach beliebig Nullen und Einsen aufschreibt.

Hier sind zwei 0-1-Folgen:

- 1011001010000011101010110010000001110100001
1010111
- 0100101010010110100010101100001101101100011
1011010

Beide Folgen sehen vom Typ her sehr ähnlich aus, wie durch Werfen einer Münze entstanden. Das ist aber nur halb richtig: Nur eine der beiden Folgen entstand tatsächlich, indem de facto eine richtige Münze geworfen wurde.

Ja, ich habe mir tatsächlich eine 1-Euro-Münze aus dem Geldbeutel genommen und die dann 50-mal geworfen. Das war ein bisschen nervig, aber wir brauchen in diesem Kapitel eine solche Folge. Und es gab gerade keinen, der die für mich produzieren wollte.

Die andere Folge ist anders entstanden. Ich habe jemanden gebeten, eine 0-1-Folge im Kopf zu erzeugen. Ich hatte vorher noch gesagt, dass die Folge so zufällig wie möglich aussehen sollte. Anders ausgedrückt: Ein Mensch wurde beauftragt, sich ohne Hilfsmittel rein zufällig zu verhalten. Das sollte doch machbar sein. Oder?

Und der Mensch strengte sich an, wobei er zügig, ohne groß zu überlegen, einfach aus dem Bauch heraus Nullen und Einsen aufschrieb. Als er damit fertig war, ist er die Zahlenfolge nochmals durchgegangen und hat hier und da, an wenigen Stellen, ein paar Ziffern verändert, dort, wo sein Erzeugnis wenig zufällig aussah.

Oben stehen die beiden Endprodukte. Seht sie euch bitte mal genau an, denn ich habe da jetzt eine Frage an euch: Könnt ihr mir sagen, welche die mit Münze gemachte und welche die im Kopf ausgedachte Folge ist?

Eine Wahnsinnsfrage, oder?

„Kann denn nicht theoretisch beides beides sein?", denkt ihr vielleicht jetzt gerade. Stimmt's?

Und deshalb meint ihr, das geht nicht? Man kann nicht sagen, welche welche ist?

Meine Antwort hierauf: „Doch, es geht! Man kann!"

Mit großer Wahrscheinlichkeit kann man es richtig zuordnen. Das klappt nur mit Mathematik. Nichts anderes hilft. So wie hier ist die Mathematik oft ein Joker, wenn ohne sie nichts mehr läuft. Ihre Mathemachenschaften wirken dann fast wie Mathe-Magie.

Na gut. Aber wie? Überlegen wir mal gemeinsam.

Die erste Folge hat 23 Einsen und 27 Nullen, die zweite Folge 24 Einsen und 26 Nullen. Praktisch kein Unterschied.

Die meisten Menschen haben deshalb keinen blassen Schimmer, wie man die beiden Folgen unterscheiden soll. Bittet man sie dennoch, eine Antwort zu geben, tippt die Mehrheit auf Folge 2 als die Münzwurffolge.

Aber warum?

Wenn man nachfragt, sagen die meisten etwas Ähnliches wie: „Die zweite sieht irgendwie zufälliger und echter aus. Ich habe das Gefühl, dass sich der Zufall eher so verhält wie die Folge 2."

Denkt ihr das auch?

Das stimmt aber nicht. Denn Folge 1 ist die Münzwurffolge.

Wie kann man das jetzt rückschauend zumindest verstehen?

Mit dem neuen Begriff des *Runs*. Ein Run ist einfach ein Block, der aus Ziffern desselben Typs besteht. Er kann auch aus nur einer einzigen Ziffer bestehen. Beide Folgen oben beginnen mit zwei Runs, die jeweils nur eine Ziffer haben. In Folge 1 kommen danach zwei Runs der Länge 2.

Jetzt zählen wir alle Runs durch. Folge 1 hat 27, Folge 2 hat 33 Runs. Das ist schon ein gewisser Unterschied.

Mit den Runs sind wir auf der richtigen Spur.

Das Merkmal, mit dem hier Zufälliges von Nicht-Zufälligem unterschieden werden kann, ist die Länge der längsten Runs.

Bei 50 Münzwürfen ist die Wahrscheinlichkeit sehr groß, nämlich genau 82,1 %, dass irgendwo mindestens 5 Nullen oder 5 Einsen hintereinander vorkommen, also ein Run der Länge 5 auftritt. Der Zufall macht so was. Folge 2 hat nur kurze Runs.

Die Länge der Runs ist ein sehr gutes Unterscheidungsmerkmal. Weil der pure Zufall auch in so kurzen Folgen mit hoher Wahrscheinlichkeit einen relativ langen Run produziert: Unerfahrene menschliche Erzeuger solcher Ziffernketten scheuen sich aber, lange Runs von fünf aufeinanderfolgenden Einsen oder Nullen in ihre konstruierten Folgen einzubauen.

Stattdessen lassen menschliche Zufallsversucher ihre Versuchsergebnisse viel häufiger zwischen 0 und 1 hin- und herpendeln. Wechseln also öfter ab. Das ergibt dann weniger lange Runs, aber anzahlmäßig mehr davon. Die meisten Menschen sehen das als typischer für den Zufall an. Ihr Bauchgefühl sagt ihnen, dass der Zufall das so macht. Macht er aber typischerweise nicht. Hier klaffen Gefühl und Wirklichkeit auseinander.

Menschen ohne Equipment sind generell schlechte Zufallsgeneratoren oder -generatorinnen. Das Wort „Zufallsgeneratorin" habe ich zwar noch nie gehört, macht aber diesen Text um einiges geschlechtergerechter, wenn er auch sonst nicht durchgehend durchgegendert ist. Doch das ist eine andere Geschichte.

Bleiben wir bei der Sache: Wir waren bei Menschen als schlechten Simulatoren von Zufälligkeit. Ein Paradebeispiel, um dies zu verdeutlichen, ist die *Austricksmaschine*. Erbaut wurde sie vom Mathematiker Claude Shannon schon im Jahr 1953. In einem Zufallswettstreit gegen Menschen ist sie extrem erfolgreich, fast unschlagbar.

Ein Match *Man vs. Machine* oder auch *Woman vs. Machine* läuft so ab: Der Mensch hat bei jeder Runde die Wahl zwischen 0 und 1. Die Maschine versucht vorherzusagen, was der Mensch wählen wird. Liegt sie richtig, bekommt sie einen Punkt, andernfalls der Mensch. Wer zuerst 100 Punkte hat, gewinnt.

Viele der bekanntesten Schlauberger und Wissenschaftler (m/w) der damaligen Zeit sind gegen die Maschine angetreten. Alle haben verloren. Strategisch gesehen hätten sie sich zumindest gleiche Chancen verschaffen können, wenn sie rein zufällig gewählt hätten. Das aber ist für Menschen unmöglich. Eine Münze oder Ähnliches zu benutzen, war aber verboten.

Sind Menschen in dieser Lage auf sich allein gestellt, schleichen sich Muster ein. Ganz unbewusst passiert das. Sie merken das gar nicht. Aber die Maschine merkt das. Die Maschine war darauf programmiert, diese Muster zu erkennen, zu verwerten und mit überzufällig guten Vorhersagen den Menschen an die Wand zu spielen. Auszutricksen eben, wie es sich für eine richtige Austricksmaschine nun mal gehört.

In einem Zufallsprozess müssten die Übergänge

$$0 \rightarrow 1 \quad 0 \rightarrow 0$$

mit Wahrscheinlichkeit je $1/2$ auftreten. Genauso die Übergänge

$$1 \to 1 \quad 1 \to 0$$

Auch alle möglichen Verläufe nach Zahlenpaaren

$$00 \to 1 \quad 00 \to 0$$
$$01 \to 1 \quad 01 \to 0$$
$$10 \to 1 \quad 10 \to 0$$
$$11 \to 1 \quad 11 \to 0$$

haben in Zufallsfolgen alle dieselben Wahrscheinlichkeiten. Für Menschen ist es ohne Zuhilfenahme eines Zufallserzeugers – wie zum Beispiel einer Münze – unmöglich, das alleine hinzubekommen. Es schleichen sich unbewusst versteckte Regelmäßigkeiten oder Asymmetrien ein, wie etwa die Bevorzugung von 101 gegenüber 100.

Die Maschine bemerkt dies. Mit diesen Erkenntnissen ist sie nach einer Einschwingphase, in der sie ihre Informationen sammelt, bestens gerüstet, den menschlichen Gegenspieler gnadenlos abzuhängen.

Genauer gesagt geht das so: Die Maschine kann verschiedene Arten von Mustern bemerken. Alle beziehen sich auf den Ausgang von drei aufeinanderfolgenden Spielen. Das sind kurze Abläufe wie diese:

1. Mensch gewinnt, spielt dasselbe, gewinnt wieder. Dann spielt er Gleiches oder anderes.
2. Mensch gewinnt, spielt dasselbe, verliert. Dann spielt er Gleiches oder anderes.

Die verschiedenen Kombinationen ergeben acht Möglichkeiten. Tritt irgendeine davon im Spiel auf, checkt die Maschine das. Sie erfasst auch noch, ob beim letzten Auftreten der Spieler anschließend gleich oder anders weiterspielte und ob er es im Vergleich zum vorletzten Mal wieder genauso macht. Macht er das, verbucht die Maschine dies als unbewusstes Verhaltensmuster ihres menschlichen Gegners. Und schon hat sie was gefunden, das sie beim nächsten Auftreten ausnutzen kann.

Kennt man die Masche der Maschine, weiß man auch, wie man sie im Prinzip schlagen kann. Der Spieler sollte sich bei möglichst vielen dieser acht Verhaltensmuster zweimal hintereinander identisch verhalten und dann beim dritten Mal abweichen, wenn die Maschine erwartet, dass er sich wieder so verhält. Dann wird die Maschine in die Irre geführt und kann ausgeknockt werden. Wie gesagt: Im Prinzip. Es ist leichter gedacht als gemacht.

Erstens hat der Mensch normal keinen blassen Schimmer, mit welcher Methode die Maschine gegen ihn antritt. Was ich euch eben erzählt habe, ist Insider-Wissen. Und selbst wenn der Mensch so schlau wäre, es im Spiel herauszufinden: Es ist extrem schwer, auch noch so schlau zu sein, die optimale Strategie dagegen im direkten Clinch umzusetzen, da eine große Gedächtnisleistung dafür nötig ist.

Umgekehrt braucht die Maschine nicht einmal 20 Bit an Gedächtniskapazität. Man sieht: Nicht viel Speicherplatz wird gebraucht, um selbst anerkannte Schlaumeier abzuzocken. Soweit das trickreiche Zwischenspiel vom Tricksen, Austricksen und Anti-Austricksen als Bonus für Fans.

Jetzt geht's aber wieder weiter mit dem Ernst des Lebens bzw. des Textes. Nämlich mit der oben gestellten Frage an alle: Wie hoch ist die Wahrscheinlichkeit bei 50 Münzwürfen, einen Run der Länge 5 zu sehen, also mindestens eine reine Serie von nur Einsen oder nur Nullen der Länge 5 oder länger?

Das hört sich nach einer happigen Frage an. Und das ist sie irgendwie auch. Außer man hat ein paar gute Ideen im Köcher.

Hier ist eine gute Idee. Sie macht's uns ein bisschen leichter: Die gesuchte Wahrscheinlichkeit für *irgendeinen* Run der Länge mindestens 5 in 50 Würfen ist genauso groß wie die Wahrscheinlichkeit, in 49 Würfen einen *Einser*-Run der Länge mindestens 4 zu haben.

Ist das klar? Nicht unbedingt, oder?

Um die Connection einzusehen, muss man nur von der Folge der *Einsen/Nullen* zur Folge der *Änderungen/Nicht-Änderungen* übergehen. „Nur" ist gut gesagt, darauf muss man erst mal kommen. Aber nachdem ich es euch gesagt habe, kriegen wir den Rest zusammen hin: Eine Nicht-Änderung an einer Position tritt auf, wenn dort dieselbe Ziffer steht wie eine Position davor. Zwei Nicht-Änderungen hintereinander sind dasselbe wie ein beliebiger Run der Länge 3. Und: Die Zahl 49 tritt auf, weil es nicht 50 Möglichkeiten für Änderungen oder Nicht-Änderungen gibt, sondern eine weniger, weil die erste Position keines von beiden sein kann.

Hier angekommen müssen wir uns nur noch Runs von einem Typ ansehen. Die kann man sogar mit einer Zu-Fuß-Methode bearbeiten.

Um die im Prinzip zu erklären, nehmen wir zuerst eine überschaubare Kleinsituation, in der geistige Klimmzüge unnötig sind. Ist die erst mal verstanden, kann man im zweiten Anlauf nochmal mit dem vollen Theoriekofferchen daran rumfummeln. Es mag ja sein, dass die Theorie auch noch für kompliziertere Fälle klappt, in denen die Zu-Fuß-Methode nichts bringt, jedenfalls kein lockerer Spaziergang mehr wäre. Mit etwas Glück klappt das so. Hoffen wir also, dass unsere geistige Glückssträhne noch anhält.

Fragen wir uns zum Aufwärmen einfach mal, wie wahrscheinlich ein Einser-Run der Länge mindestens 3 in 5 Würfen ist.

Es gibt insgesamt $2^5 = 32$ verschiedene Folgen der Länge 5, weil es für jede Stelle die beiden Möglichkeiten Null und Eins gibt. Mit Brute Force, also roher Gewalt, listen wir alle diese Folgen auf und zählen dann brav die interessanten Fälle ab. Interessant sind alle Fälle mit drei oder mehr Einsen hintereinander. Die sind fett markiert:

00000 00001 00010 00011 00100 00101 00110
00111 01000 01001 01010 01011 01100 01101
01110 01111 10000 10001 10010 10011 10100
10101 10110 **10111** 11000 11001 11010 11011
11100 11101 11110 11111.

Von diesen 32 Folgen enthalten alle fett markierten Blöcke einen Einser-Run der Länge mindestens 3. Es sind 8 Fälle. Die restlichen 24 Fälle haben keine drei Einsen hintereinander. Deshalb ist die Wahrscheinlichkeit für einen solchen Run in einer solchen Folge genau $8/32 = 1/4$. Deshalb, weil alle Abfolgen gleich wahrscheinlich sind. Alle 32. Nur deshalb darf man einfach den Quotienten bilden. Im Nenner die Anzahl aller Fälle, im Zähler die Anzahl aller Fälle mit den Runs. Deshalb!

Soweit das einfache Abzählen.

Jetzt gehen wir nochmal daran. Aber statt mit Brute Force alljetzo gänzlich gewaltfrei mit einer sanfteren Theorie des Zählens.

Ganz entspannt schreiben wir a_n für die Anzahl der Münzwurffolgen der Länge *n ohne* Einser-Run der Länge 3. Das ist ein prima Kürzel, weil es sofort zu der handlichen Beziehung

$$a_n = a_{n-1} + a_{n-2} + a_{n-3}$$

führt. „Sofort" ist vielleicht ein bisschen übertrieben, man muss schon eine kleine, wenn auch feine Überlegung anstellen. Welche? Wie kommt man zu dieser Gleichung?

Durch Einteilung in Klassen. In einer Serie von – mehr als drei – Münzwürfen gibt es *keine* drei Einsen hintereinander, wenn sie in eine von drei Klassen fällt. Nämlich:

- Sie beginnt mit einer 0 gefolgt von $n-1$ Ziffern ohne drei aufeinanderfolgende Einsen.
- Sie beginnt mit dem Paar 10 gefolgt von $n-2$ Ziffern ohne drei aufeinanderfolgende Einsen.
- Sie beginnt mit dem Tripel 110 gefolgt von $n-3$ Ziffern ohne drei aufeinanderfolgende Einsen.

Man muss nur kurz in sich gehen. Tut man das, wird klar, dass mit diesen drei Typen alle Möglichkeiten abgedeckt sind. Außerdem überlappen sich die drei Typklassen nicht: Keine Münzwurfserie tritt in mehr als einer Klasse auf. Dass diese Klassen a_{n-1} bzw. a_{n-2} bzw. a_{n-3} Serien enthalten, dürfte klar sein.

Damit wäre die Sache mit der Gleichung schon gebongt. Solche Gleichungen nennen die Mathematiker etwas hochgestochen *Rekursionsgleichungen*. In ihnen wird ein

Folgenglied mit bestimmten vorangehenden Gliedern in Beziehung gesetzt. Solche Gleichungen sind dann nützlich, wenn sich ein Folgenglied nicht direkt oder nur schwer ausrechnen lässt, es aber leicht zu anderen Folgengliedern in Beziehung gesetzt werden kann. Es ist auch richtig zu sagen, dass mit einer Rekursion ein Problem auf eine einfachere Version von sich selbst zurückgeführt wird. Und diese einfachere Version auf eine wiederum einfachere Version. Denn die Frage, auf die a_n die Antwort ist, entspricht den leichteren Fragen, auf die a_{n-1}, a_{n-2}, a_{n-3} die Antworten sind. Geht man diesen Weg weiter, stellen sich irgendwann so leichte Fragen, die sofort beantwortet werden können. Von da geht's wieder zurück in die andere Richtung.

Mit einer Rekursionsgleichung kann man also Step by Step alle Folgenglieder ausrechnen. Das geht, wie der Name sagt, rekursiv, eben schrittweise. Man braucht aber ein paar Zahlenwerte, um irgendwo anzufangen.

Die ersten Werte lassen sich sofort hinschreiben: Was ist a_1, was ist a_2, was ist a_3? Locker sieht man: $a_1 = 2$ und $a_2 = 4$ und $a_3 = 7$.

Trotzdem noch ein Wort dazu: Die Startwerte ergeben sich daraus, dass bei einer Münzwurfserie der Länge eins oder zwei sowohl 1 als auch 0 natürlich keinen Einser-Run der Länge 3 haben, sowie auch 00, 01, 10 und 11 nicht. Bei den Serien der Länge drei sind sieben Folgen Run-frei und damit okay, und nur die Folge 111 hat den Einser-Run und wird nicht mitgezählt.

Der weitere Verlauf der Folge a_n ergibt sich durch Addition der drei vorausgehenden Werte. Das hat uns die Rekursionsgleichung so gesagt. Die a_n-Zahlenfolge startet mit den Werten

$$2, 4, 7, 2 + 4 + 7 = 13, 4 + 7 + 13 = 24, \ldots$$

Da haben wir's wieder: $a_5 = 24$. Diesen Wert hatten wir oben durch Abzählen auch schon erhalten. Aber jetzt gibt's eine Theorie dafür. Eine ganz fesche und praktische Theorie, die für uns zählt, ohne zu zählen.

Zahlenfolgen, die eine Rekursionsgleichung wie die obige erfüllen, haben wegen ihrer Wichtigkeit einen Namen bekommen. Sie heißen *Fibonacci-Folgen*. Nach dem italienischen Mathematiker Leonardo da Pisa, der ungefähr von 1170 bis 1240 lebte. Sein Spitzname war Fibonacci, was so viel heißt wie Sohn des Bonacci. Sein Vater, der Signore Guglielmo Bonacci, nannte seinen Sohn manchmal Bigollo, also Nichtsnutz, und der sich selbst auch. Dabei war er eher das Gegenteil von einem Nichtsnutz: ein ziemlicher Aktivposten. Immerhin hat er Folgen dieses Typs erfunden und viel damit herumgerechnet.

Fibonacci gefällt mir als Name für eine Zahlenfolge. Warum auch nicht mal etwas nach dem Spitznamen eines Wissenschaftlers benennen? Der klingt manchmal besser als der Name selbst. Wie zum Beispiel beim bekannten Stochastiker Samuel Kotz, nach dem auch einiges benannt ist. Wobei ich gar nicht weiß, ob der einen Spitznamen hat. Aber egal, ich bin vom Thema abgekommen.

Die einfachste Folge obiger Bauart ist der Urtyp der Fibonacci-Folge. Ihre Rekursionsgleichung sieht so aus:

$$a_n = a_{n-1} + a_{n-2}.$$

Und die Startwerte sind die Zahlen $a_0 = 0$ und $a_1 = 1$.

Der Fibonacci-Prototyp beginnt also mit den Werten

$$0, 1, 1, 2, 3, 5, 8, 13, 21, 34, 55, 89, \ldots$$

An sich ist nichts Besonderes an dieser Ansammlung von Zahlen. Und deshalb wird es euch vielleicht erstaunen, wenn ich sage, dass diese Zahlen an wahnsinnig vielen Stellen in der Natur, in der Wissenschaft und in der Technik auftreten: von den Verwandtschaften unter den Bienen über die Blattstellung bei den Pflanzen bis zur Schönheit von architektonischen Bauwerken.

Seit 1963 gibt es sogar eine wissenschaftliche Zeitschrift, die sich nur mit den Eigenschaften und Anwendungen dieser Zahlenfolge beschäftigt. Irre, oder? Schon mal dran gedacht, sie zu abonnieren? Dachte ich mir.

Und wir ziehen weiter. Um uns noch ein paar andere Situationen anzusehen, in denen Runs wichtig sind. Oder waren.

Spulen wir dazu die Zeit hundert Jahre zurück. Auf den 18. August 1913. Und wir gehen ins Mekka für Mehrfachmillionäre. Nach Monte Carlo. Genauer gesagt in die legendäre Spielbank.

Es ist irgendwann nach Sonnenuntergang als die Kugel des Roulettetisches zu einem unvergleichlichen Lauf ansetzt. Ein Stück durchgeknallte Realität tut sich auf. Anders kann man es kaum benennen. Ein Zeitfenster, in dem immer und immer wieder dieselbe Farbe kommt. 26-mal hintereinander. So oft landet die Kugel auf Schwarz. Eine ultra-extreme Serie, die von einem riesigen Spektakel der Spieler und Zuschauer begleitet wird.

Mit jeder weiteren schwarzen Zahl wird das Johlen und Schreien lauter. Die auf Rot gesetzten Geldbeträge werden größer, türmen sich auf und wachsen bis in schwindelerregende Höhen.

Die Spannung unter den Spielern nimmt ungekannte Ausmaße an. Viele glauben, dass Rot jetzt überfällig ist und mit jeder weiteren schwarzen Zahl immer einen Tick wahrscheinlicher wird. Immerhin gibt es das mathematische Gesetz von der langfristigen Ausgeglichenheit von Schwarz und Rot. Ja, und nach so viel Schwarz... Aber auch Vorwürfe der Manipulation am Roulettetisch werden erhoben.

Deshalb wollen wir die Frage stellen, wie außergewöhnlich ein solches Ereignis ist, wenn man es auf das alleinige Wirken des Zufalls zurückführt. Kann man das alles noch vernünftig erklären? Einen Run der Länge 26?

Ja, das geht. Sogar im Zuschauer- und Mitdenker-Format.

Ich zeige euch wie.

Wir müssen dazu etwas ausholen. In europäischen Casinos ist ein Rouletterad in 37 Fächer unterteilt, die mit den Zahlen von 0 bis 36 beschriftet sind. Die Zahl 0 ist grün, und die übrigen Zahlen sind je zur Hälfte rot und schwarz gefärbt. Auf Grün kann man nicht setzen, nur auf Rot oder Schwarz. Der Ausgang Grün wird praktisch ignoriert. Statt von den drei Farben sprechen wir nur von *Erfolg* oder *Misserfolg*. Das macht es etwas leichter.

Schwarz werden wir als Erfolg werten. Die Erfolgswahrscheinlichkeit ist $p = 18/37$. Wenn Schwarz nicht kommt, ist das für uns ein Misserfolg. Der ist etwas wahrscheinlicher und tritt auf mit Wahrscheinlichkeit $q = 1 - p = 19/37$.

Gehen wir von einer großen Zahl N von Spielen am Roulettetisch aus. In N Spielen sind $N \cdot q$ Misserfolge zu erwarten. Das sind $N \cdot q$ Gelegenheiten dafür, dass dann ein Lauf von Erfolgen beginnt. Bei annähernd dem Anteil p dieser $N \cdot q$ Misserfolge kommt mindestens ein Erfolg, bei annähernd dem Anteil $p \cdot p$ kommen mindestens zwei Erfolge, usw. Insofern sind in N Spielen im Schnitt $N \cdot q \cdot p^k$ Blöcke mit mindestens k Erfolgen zu erwarten.

Wenn man jetzt die Länge des erwartbar längsten Erfolgs-Runs in N Spielen berechnen will, muss man das größte k bestimmen, für das sich gerade noch 1 Vorkommnis eines Runs aus k Erfolgen erwarten lässt. Mit dieser Denke kommt man zum Ansatz

$$N \cdot q \cdot p^k = 1$$

und errechnet daraus den Wert k. Zum Beispiel für $N = 100.000.000$, also 100 Millionen, ergibt sich mit $p = 18/37$ der Wert $k = 26$. In 100 Millionen Rouletterunden ist also einmal ein Run der Länge 26 wie 1913 in Monte Carlo zu erwarten.

Das kommt hin. Die auf der ganzen Welt bis heute gespielten Rouletterunden werden auf etwa 100 bis 300 Millionen taxiert. Das einmalige Auftreten eines so langen Runs bei dieser Zahl von Runden ist deshalb nicht ungewöhnlich. Also wäre auch das geklärt.

„And now for something completely different", wie es bei Monty Python immer so schön heißt.

Nämlich Basketball. Ein weiteres Thema, bei dem Runs eine Rolle spielen, ist die sogenannte Hot Hand im Basketball. Viele Zuschauer, Trainer und Spieler glauben an den Mythos, dass ein Basketballer, dem zwei oder drei gute Würfe glücken, einen Lauf hat, der seine Trefferwahrscheinlichkeit für die nächsten Würfe erhöht. In Umfragen hielten ihn mehr als 90 % der befragten Zuschauer für wahr.

Eine Gruppe von Wissenschaftlern um den Psychologen Amos Tversky ist diesem Mythos auf den Grund gegangen. Während der Saison 1980/81 wurde die bekannte US-amerikanische Basketball Mannschaft der Philadelphia 76ers unter die Lupe genommen.

Die Wissenschaftler betrieben irrsinnig viel Aufwand. Stellt sie euch antrittsschnell im Forschertrikot bei jedem Spiel an der Seitenlinie vor. Kein Wurf, kein Treffer entging ihren Aufzeichnungsgeräten. Alles ging in die Analyse ein. Die Muster erfolgreicher und nicht erfolgreicher Würfe wurden herausgearbeitet. Die Anteile von Treffern direkt nach vorausgehenden Treffern und nach Nicht-Treffern wurden statistisch auf Unterschiede abgeklopft.

Die gab es aber nicht. Jedenfalls nicht solche, die Statistiker signifikant nennen. Damit ist gemeint, dass die festgestellten Unterschiede im Bereich normaler Zufallsstreuungen liegen. Sie sind also mühelos durch Zufall erklärbar. Statistisch signifikante Effekte zwischen Beobachtungen sind dagegen nur mit einer sehr geringen Wahrscheinlichkeit auf das Wirken des Zufalls zurückführbar, sie weisen vielmehr auf einen realen, systematischen Effekt hin. Für systematische Unterschiede zwischen beiden Treffertypen sprach aber gar nichts. Nicht einmal für statistische Abhängigkeiten, also Korrelationen, zwischen aufeinanderfolgenden Würfen.

Die Forscher fanden auch eine ziemlich einleuchtende Erklärung dafür. Die gegnerische Defensive greift einen mehrfach erfolgreichen Werfer im anderen Team verstärkt an. Sie kann dadurch einen eventuell aufkommenden Erfolgs-Run meistens im Keim ersticken.

Im Basketball ist die Hot Hand also nichts weiter als eine Fiktion, die einer wissenschaftlichen Untersuchung nicht standgehalten hat.

Im Volleyball andererseits konnte ein Wissenschaftlerteam um den Kognitionsforscher Gerd Gigerenzer eine Hot Hand tatsächlich nachweisen. Das passt ins Erklärungsmuster: Denn beim Volleyball verhindert das Netz zwischen den Mannschaften einen gezielten Angriff auf die Hot Hand.

Auch ist es so, dass Trainer und versierte Spieler eine Hot Hand im Volleyball schnell erkennen können und der Spielführer versucht, sie durch maßgeschneiderte Spielzüge gezielt anzuspielen.

Soweit der erste Teil in unserer kleinen Realitätssafari vom Zufall.

Der zweite folgt sogleich.

2

Lottologisch

Verdeutlicht, wie unwahrscheinlich ein Sechser im Lotto ist. Und wie ihr euch auch kleinste Wahrscheinlichkeiten vorstellen könnt.

Was ist das Spiel der Deutschen?

Ist doch glasklar: Fußball, natürlich!

Stimmt aber nicht. Es ist nämlich Lotto!

Jeden Mittwoch, jeden Samstag. Zweimal pro Woche.

Jede Woche gibt Lottoland Deutschland rund 100 Millionen Euro fürs Tippen aus. Wenn die Gewinnzahlen gezogen werden, sitzen mehr Leute vor dem Kasten als bei Bundesligaspielen. Oder sogar als bei manchen Länderspielen der deutschen Fußballnationalmannschaft. Und das, obwohl es bei keiner Sendung am Ende so viele frustrierte Zuschauer gibt.

Lotto bringt Nervenkitzel. Der hängt mit der Aussicht auf einen großen Gewinn zusammen. Und der scheint machbar: Aus 49 Zahlen eine Handvoll oder noch eine mehr richtige zu tippen, das kann doch nicht so schwer sein. Wie oft war man schon nah dran: Hier das Kreuz eine

© Springer-Verlag Berlin Heidelberg 2016
C.H. Hesse, *Der SchnellerSchlauerMacher für Zufall und Statistik*,
DOI 10.1007/978-3-662-47120-3_2

Zeile tiefer im Kästchen gemacht, da eine etwas größere oder kleinere Zahl getippt und es hätte super gepasst. Also vielleicht beim nächsten Mal. Irgendwann wird man die Lottofee schon verstehen.

Versuchen wir's mit Mathe. Und fangen wir damit ganz locker an.

Wie viele Möglichkeiten gibt es denn überhaupt, ein Lottokästchen auszufüllen?

Für das erste Kreuzchen gibt es 49 Zahlen, die darauf hoffen angekreuzt zu werden, für das zweite Kreuzchen bleiben noch 48. Meine ersten beiden Kreuzchen kann ich also auf $49 \cdot 48$ verschiedene Arten kombinieren. Das zeigt uns Abb. 2.1.

Das geht dann so weiter. Nach demselben Schema. Für jedes nächste Kreuzchen gibt's eine Wahlmöglichkeit weniger. Also bestehen für sechs Kreuzchen

$$49 \cdot 48 \cdot 47 \cdot 46 \cdot 45 \cdot 44$$

verschiedene Kombinationsmöglichkeiten. Richtig? Nein! Fail!

Aber warum stimmt das denn nicht? Weil dabei manches als verschieden aufgefasst wird, was gar nicht verschieden ist. Manches wird also doppelt gezählt.

Zum Beispiel werden die beiden Zahlenreihen

$$17, 4, 28, 39, 2, 18$$

und

$$4, 28, 18, 39, 17, 2.$$

bei obiger Rechnung als verschieden gewertet und deshalb beide einzeln gezählt. Das sollten sie aber nicht, denn sie

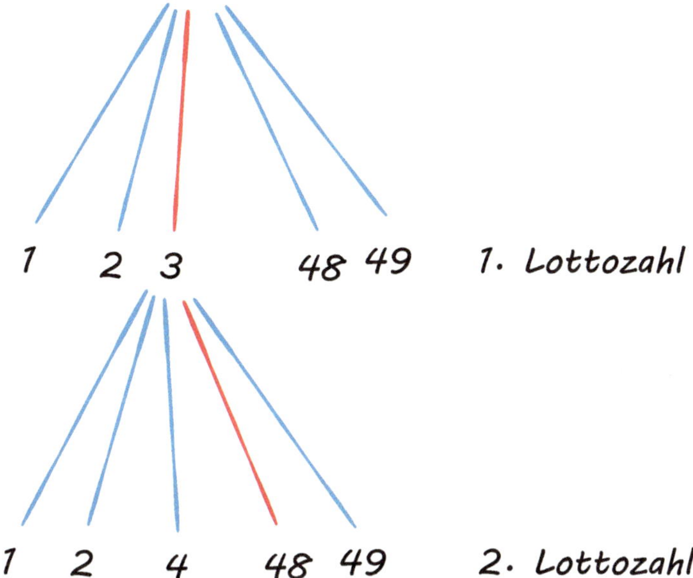

Abb. 2.1 Verschiedene Möglichkeiten, erst eine, dann noch eine Lottozahl anzukreuzen

bilden dieselbe Lottotippreihe. Sie dürfen deshalb auch nur einmal gezählt werden.

Mehr noch: Alle möglichen Reihenfolgen dieser sechs Zahlen führen auf denselben Lottotipp. Denn es kommt ja beim Lotto nicht darauf an, in welcher speziellen Reihenfolge man seine sechs Zahlen ankreuzt, sondern nur, dass es die richtigen sechs sind. Reihenfolge egal. Egal auch, wie später bei der Ziehung die Kugeln aus der Trommel kullern, welche zuerst kommt und wie es dann weitergeht.

Bei anderen Abläufen ist die Reihenfolge nicht so egal. Beim Anziehen zum Beispiel kommt's nicht nur darauf an, welche Kleidungsstücke ich trage, sondern auch, wie ich sie angezogen habe. Erst die Strümpfe, dann die Schuhe – und nicht umgekehrt – ist eine gute Faustregel für alle Tage außer Fasching und Halloween.

Aber ich bin schon wieder vom Thema abgekommen.

Was ich eigentlich sagen wollte: Wir dürfen alle Abfolgen dieser sechs Zahlen 17, 4, 28, 39, 2, 18 nur als eine einzige Tippreihe zählen. Ist ja auch nur eine.

Wie viele verschiedene Abfolgen dieser sechs Zahlen gibt es denn?

Das ist im Prinzip dieselbe Frage, jetzt für sechs Zahlen gestellt, wie wir sie zuerst für neunundvierzig Zahlen gestellt haben. Wir können so ähnlich überlegen wie beim ersten Anlauf, nur ist es jetzt einfacher. Statt aus einem Pool von neunundvierzig Zahlen zu wählen, besteht der jetzt nur aus den sechs Zahlen 17, 4, 28, 39, 2, 18. Hier ist die Antwort deshalb $6 \cdot 5 \cdot 4 \cdot 3 \cdot 2 \cdot 1$.

Leuchtet ein, oder?

Ich habe 6 Möglichkeiten, eine dieser Zahlen für die erste Position zu nehmen, dann bleiben noch 5 für die zweite Position, 4 für die dritte, usw.

Inhaltlich bedeutet dies, dass alle $6 \cdot 5 \cdot 4 \cdot 3 \cdot 2 \cdot 1 = 720$ Abfolgen der sechs ausgewählten Zahlen zu ein und derselben Tippreihe führen. Die Zahl verschiedener Tippreihen ist um den Faktor 720 kleiner als unser erstes Produkt $49 \cdot 48 \cdot 47 \cdot 46 \cdot 45 \cdot 44$.

Deshalb haben wir genau

$$\frac{49 \cdot 48 \cdot 47 \cdot 46 \cdot 45 \cdot 44}{6 \cdot 5 \cdot 4 \cdot 3 \cdot 2 \cdot 1}$$

verschiedene Tippreihen.

Das wäre geklärt.

Mathe-Menschen schreiben den letzten Bruch gerne übersichtlicher, indem sie für das Produkt der ersten 49 natürlichen Zahlen ein knalliges Symbol setzen: eine 49 mit einem von den Satzzeichen-Menschen geborgten Ausrufezeichen dahinter: 49! Gelesen wird das als „49 Fakultät". Es ist nicht weiter weltbewegend, aber eine coole Platzersparnis:

$$49! = 49 \cdot 48 \cdot 47 \cdot 46 \cdot 45 \cdot 44 \cdot \ldots \cdot 3 \cdot 2 \cdot 1.$$

Auch klar, dass diese Abkürzung für alle natürlichen Zahlen n funktioniert:

$$n! = n \cdot (n-1) \cdot (n-2) \cdot \ldots \cdot 3 \cdot 2 \cdot 1.$$

Mit diesem schönen neuen Zeichen, könnt ihr unsere Lösung, den Bruch, viel lässiger schreiben. Wenn man seinen Zähler und Nenner mit der Zahl 43! erweitert, sieht das Ergebnis so aus:

$$\text{Anzahl verschiedener Lottotipps} = \frac{49!}{6! \cdot 43!}$$
$$= 13.983.816.$$

Mathe-Macher kürzen das gerne noch weiter ab. Sie schreiben den Bruch mit den drei Ausrufezeichen drin, die gerade erst eingeführt wurden, nun wieder ganz ohne diese und noch komprimierter als

$$\binom{49}{6}.$$

Aber Achtung: Das ist kein Bruch! Gesprochen wird dieses neue mathematische Gebilde als „49 über 6". Das ist nicht dasselbe wie „49 geteilt durch 6".

Noch was: Alle Tippreihen sind übrigens gleichwertig. Keine dieser knapp 14 Millionen Zahlenkombinationen hat gegenüber irgendeiner anderen einen Vorteil oder Nachteil, gezogen zu werden. Warum auch? Worin sollte der Vorteil oder Nachteil einer Kombination bestehen? Der Zufall ist blind. Alle haben dieselbe Ziehungswahrscheinlichkeit.

Da es nur eine einzige Möglichkeit gibt, einen Sechser im Lotto zu landen, nämlich indem man klarerweise alle sechs gezogenen Zahlen angekreuzt hat, liegt die Wahrscheinlichkeit für diesen hübschen Hauptgewinn mit einer Zahlenkombination bei 1 : 14 Millionen.

Das ist eine ziemlich kleine Zahl. Sehr nahe bei null. Es ist nicht leicht, sich darunter was vorzustellen. Leichter wird's da schon, wenn man ein passendes Bild findet. Wie gefällt euch mein Fußballmotiv?

Auf einem Fußballfeld steht ganz verlassen, ganz beliebig irgendwo eine Flasche Bier. Sie ist offen. Kein Deckel ist drauf. Ein Vogel kreist rein zufällig über dem Feld, ohne dass er etwas von der Bierflasche weiß. Er hat eine kleine Murmel zwischen den Krallen. Irgendwann entgleitet dem Vogel die Murmel, und sie fällt – ihr ahnt es schon – genau in die Bierflasche. Bingo!

Sehr konstruiert und unwahrscheinlich? Ja, zugegeben. Aber nicht unwahrscheinlicher als ein Sechser im Lotto.

Wenn man kein Fußballfan, Biertrinker oder Vogelfreund bist, gefällt einem vielleicht ein automobilistisches Beispiel besser. Hier kommt's:

Man braucht dafür nur ein Stück Autobahn. Zum Beispiel das von Stuttgart bis München. Dieses Stück ist über den Daumen gepeilt 200 km lang. Nehmen wir mal an, ich habe gerade nichts anderes zu tun, fahre mit ein paar Freunden und einer Flotte von Sattelschleppern bei meiner Bank vor und hebe einen Riesenhaufen 1-Euro-Münzen ab, rund 14 Millionen. Die lege ich nahtlos aneinander, und zwar entlang dieses 200-km-Autobahnstücks. Dann markiere ich irgendwo eine einzige Münze auf der Rückseite.

Jetzt kommt ihr ins Spiel. Euer Chauffeur (okay, ich gebe zu, spätestens jetzt wird es unrealistisch) fährt mit euch auf der Autobahn von Stuttgart nach München. Irgendwo ganz beliebig – gleich am Anfang, etwas später oder erst gegen Ende, ganz nach Lust und Laune – lasst ihr den Chauffeur anhalten (aber Vorsicht, immerhin ist es eine Autobahn). Ihr öffnet die Wagentür (aber Vorsicht, immerhin … ihr wisst schon.), greift in Richtung 1-Euro-Münzkette am Rand des Seitenstreifens und dreht eine beliebige Münze um.

Nein,
nimm die
daneben!

Und, wer hätte das jetzt gedacht: Es ist die einzige markierte Münze.

Die Chance, aus dieser langen Münzkette zwischen Stuttgart und München durch Zufall die einzige markierte Münze herauszupicken, ist ziemlich genau so groß wie die Chance, aus 14 Millionen Zahlenkombinationen beim Lotto die richtige anzukreuzen.

Darunter kann man sich etwas vorstellen. Die Vorstellung macht klar, wie deprimierend unwahrscheinlich ein Sechser im Lotto ist. Oder? Gut!

Zwischenspiel

Jetzt ist eine passende Gelegenheit, die Hauptdarsteller dieses Buches kurz vorzustellen. Und sie wird sofort ergriffen.

Es ist Herr K mit seiner Familie. Herr K arbeitet in der Pharmaindustrie. Seine Firma entwickelt neue Medikamente, testet sie und verkauft sie weltweit. Er arbeitet im Vertrieb. Manche halten ihn für einen blassen, leidenschaftslosen, laschen Menschen. Doch im Urlaub klatscht er schon mal unrhythmisch mit, wenn *I can get no satisfaction* gespielt wird. Wie viele noch 20 Jahre ältere Männer hat er die Gabe, in einem Tempo Rad zu fahren, in dem jüngere schon längst zu einer Seite weggekippt wären.

Frau K arbeitet in einem Buchladen und ist ein bisschen alternativ drauf. Sie hat eine esoterische Ader, fährt total ab auf fernöstliche Heilmethoden und ist eine inbrünstige Treuepunktesammlerin. Mit einem Karmaberater arbeitet sie an ihrem momentanen Hauptziel: dass ihr die Meinung anderer Leute genau so egal ist wie dauergrinsenden Synchronschwimmerinnen.

Apropos, gerade als ich das schreibe, geht mir selbst diese Frage durch den Kopf: Was werden die Leute über mich sagen, wenn es mir egal ist, was die Leute über mich sagen? Ist das ein neues Paradoxon?

Doch bleiben wir bei Familie K.

Die Tochter K-Tharina ist ein sexy Super-Mathe-Girl. Als 16-Jährige geht sie in die Klasse 11 eines Gymnasiums und hat am meisten Ahnung von Wahrscheinlichkeitstheorie. Weil sie nämlich in der Schule in einer Statistik-AG ist. Im Ernst. In ihrer Freizeit schreibt sie Gedichte mit Titeln wie zum Beispiel: *Mâthémâtik, mon amour*, und sie hat schon mal überlegt, eine Mathe-after-School-Party zu schmeißen oder einen Tanz-deine-Mathehausaufgaben-Wettbewerb zu organisieren. Generell kann sie sich immer begeistern für mathematische Whow-Effekte. Ansonsten macht sie Leichtathletik oder was mit ihren Freundinnen. Einen Freund gibt's bei ihr bisher noch nicht, aber viele Interessenten.

Die tausendmal tolle K-Tharina hat auch einen Bruder. Der heißt eigentlich K-Simir, wird aber von allen nur Little K genannt. Er hatte vor Kurzem seinen 15. Geburtstag und geht ins selbe Gymnasium wie K-Tharina, ist aber erst in Klasse 9.

K-Simir gilt als natural born Chiller, der im Moment öfter im Energiesparmodus rumhängt. Zwar macht er gerade immerhin einen Tanzkurs. Doch er tanzt so schlecht, dass die Mädels von der Waldorfschule dachten, sein Name wäre K-Millo. Am Wochenende lebt er die positive Antwort auf die Frage: Warum nicht einfach mal liegen bleiben, wie so 'ne vergessene unbezahlte Rechnung?

Und eigentlich ist das gar nicht so schlecht, denn er hat eine besondere Gabe für die Art von Kettenreaktion, bei der ihm am Anfang ein Wattebausch runterfällt und am Ende der ganze Stadtteil in Schutt und Asche liegt.

In der Schule gefällt's ihm mehr oder weniger, im Moment meistens weniger. Deutschunterricht? Nicht sein Ding. Er setzt die Kommas so, als wenn er den Text rappen würde. Wortwahl? Kreativ: Kürzlich ging er zur Sparkasse und sagte dem Bankmenschen, dass er ein „Gyroskonto" eröffnen möchte.

Auch Mathe ist für ihn ein Abtörnthema.

Klar, nicht jeder kann ein Mathe-Elfmeter sein und sollte es auch gar nicht: Denn Mathe-Macher brauchen ja auch eine Zielgruppe. Dazu gehört Little K.

Kurz: Er ist nicht unbedingt der hellste, braucht öfter mal betreutes Denken, und sein Lieblingshobby ist couchen. Nichtsdestotrotz ist er durchaus kreativ. Den Supermarkt-Manager fragte er Mal, ob man hinter den Kassen zum Einkaufstüten Vollpacken nicht die Tetris-Melodie einspielen könnte. Doch erfolglos. Hier wie nicht selten steckt er trotz bester Anstrengung in irgendeiner Weise im persönlichen Pech (PP). Dennoch bleibt er cool. In Bezug auf Menschen ist er so gelassen, wie ein Stuhl: Er kommt mit jedem Arxxx klar.

Alle vier Ks sind Helden wie wir, die mal besser und mal schlechter mit den Zufällen des Lebens zurechtkommen. Und damit, wie man den Zufall verstehen kann.

Und wo lebt Familie K? Natürlich in K-Stadt, könnte man vermuten. Nope. Sondern in der 100-Seelen-Gemeinde Fucking, rund 40 km entfernt vom Chiemsee.

Übrigens ein beliebtes Ausflugsziel bei englischsprachigen Touristen, von denen einige sogar so weit gehen, sich das Ortsschild als Erinnerung auszugraben. Ihr seht: Hier wie auch sonst ist das Buch immer für eine Überraschung gut.

Nach und nach werden wir Familie K genauer kennenlernen. Wir treffen sie im Jahr 2015.

Die vier werden uns mit ihren Erlebnissen durch das Buch begleiten. Begleiten wird uns auch der Erklär-Bär. Seine Mission ist es, über Dinge mit einem komplizierten Touch Zusatzüberlegungen zu liefern. Er ist der Typ für mathematische Zugaben, er ist der Bär für mehr.

Der Erklär-Bär

3
Lottopsychologisch

**Erwähnt, dass ihr beim Lotto
nicht nur gegen den Zufall,
sondern auch gegen die anderen
Spieler spielt.
Und zeigt, wie man das am besten
machen sollte.**

Herr K hat also mal wieder Lotto gespielt. Wir könnten ihn natürlich fragen, welche Zahlen er angekreuzt hat. Doch sein Sohn ist uns da schon zuvorgekommen. Little K an Big K: „Nur mal Interesse halber gefragt. Welche Zahlen hast du denn gespielt?" Herr K: „Ich habe Zahlen getippt, auf die keiner von euch kommt. Zahlen, die garantiert kein anderer getippt hat, eine Kombination, die noch nie irgendwo bei irgendeiner Lotterie auf der Welt je gekommen ist. Die also mehr als überfällig ist."

K-Tharina: „Oh, mein Gott. Mir schwant, du hast die Zahlen 1, 2, 3, 4, 5, 6 getippt. Stimmt's?"

„Stimmt genau! Woher wusstest du das denn?"

Und K-Tharina erklärt es ihm: „Ich hab's mir deshalb gedacht, weil einer meiner Freunde mir gestern erzählte, er hätte ein irres Passwort, auf das ich nie kommen würde, er es sich aber trotzdem leicht merken könnte. Es waren dieselben sechs Zahlen, die du getippt hast, Daddy. Es ist das meistgewählte Passwort im Internet und es ist die Freude aller Hacker aller Länder weltweit."

K-Tharina hat recht. Und es ist sogar noch krasser: Die Kombi 1, 2, 3, 4, 5, 6 ist die meistgespielte Zahlenreihe beim Lotto. Ja! Woche für Woche spielen mindestens 20.000 Tipper diese Kombination. Sie halten sich alle für besonders schlau, weil sie irgendwo mal gehört haben, dass alle Zahlenkombinationen gleich wahrscheinlich sind, und dann denken sie, dass keiner so blöd sein wird, gerade die ersten sechs Zahlen zu nehmen.

Aber Woche für Woche sind es eben doch 20.000, die auf diese unschlaue Art schlau sein wollen. Sollten diese sechs Zahlen wirklich mal aus der Ziehungstrommel kullern, dann gibt es für alle ein böses Erwachen.

Das liegt einfach daran, wie die Gewinne von der Lotto-gesellschaft aufgeteilt werden. 10 % der Einnahmen aus den abgegebenen Tipps sind für die Leute mit *sechs Richtigen* reserviert. Da durch die Tipps viel Geld eingenommen wird, hört sich das erst mal ziemlich gut an. Ein bisschen ätzend ist es aber trotzdem. Weil man nicht einfach eine garantierte Million auf die Kralle kriegt. Nein: Alle Glücklichen mit sechs Richtigen müssen sich den 10 %-Anteil für diese Gewinnklasse teilen.

Da hat schon mancher eine Überraschung erlebt. Wenn man echt mal dieses Gigaglück hatte, alle Zahlen richtig zu haben, braucht man noch mal Dusel. Man muss auch noch hoffen, dass man der Einzige ist. Jeder Lotto-Gamer spielt also nicht nur gegen den Zufall, sondern auch gegen die anderen Tipper. Den Zufall kann man nicht austricksen. Aber kann man wenigstens die Lotto-Otto-Normalverbraucher austricksen?

Man wüsste wissen, was die anderen Tipper so tippen. Aber wie?

Es gibt darüber Studien. Ein paar Daten-Gurus haben untersucht, wie Lottospieler ticken, wenn sie tippen. Als kolossaler Schwarm betrachtet. Die Forscher haben sich gefragt, ob das ein Schwarm mit Schwarm-Intelligenz oder eher mit Schwarm-Stupidität ist. Für einige Ziehungstermine haben sie sich alle abgegebenen Tippreihen angesehen. Ziemlich Überraschendes kam dabei ans Licht.

Mehr als 30 % aller Zahlenkombinationen wurden nämlich überhaupt von niemandem getippt. Die wurden total ignoriert. Die hatte keiner. Umgekehrt gab es ein paar Tippreihen, die mehr als 20.000 Tipper angekreuzt hatten. Dazu gehörte auch die Kombi 1, 2, 3, 4, 5, 6.

Andere Lieblinge der Lottoliebhaber waren die Diagonalen des Tippzettelkästchens, alle geometrischen Muster, Zickzacklinien, regelmäßig steigende oder fallende Folgen wie 2, 9, 16, 23, 30, 37 oder 48, 47, 45, 42, 38, 33, (Abb. 3.1).

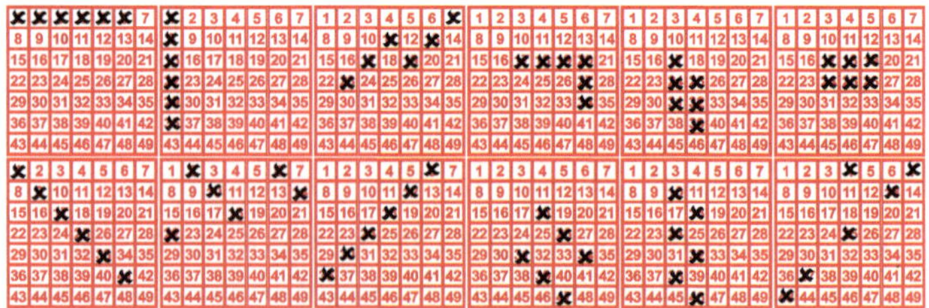

Abb. 3.1   Häufig gespielte Tipps beim Lotto

Auch ein Verhaltensmuster wurde festgestellt. Einige Spieler bezogen ihre Zahlen aus früheren Ziehungen: Alle irgendwann schon einmal aufgetretenen Gewinnkombinationen, egal, wie lange es her war, dass sie gewonnen hatten, kamen überdurchschnittlich oft auf Tippzetteln vor.

Das war bei allen untersuchten Ziehungen ziemlich ähnlich. Der Herdentrieb unter Lottospielern erzeugt ein sich von Woche zu Woche nahezu deckendes Herdenverhalten. Mit Schwarmintelligenz hat das aber nichts zu tun. Eher schon mit Schwarmstümperhaftigkeit.

Denn wie sonst soll man dies und Ähnliches benennen: Bis heute werden die Gewinnzahlen der allerersten deutschen Lottoziehung von 1955 viel öfter als im Durchschnitt angekreuzt. So, als gäb's eine Lottoglücksfee, die auch noch ein super Gedächtnis hätte.

Viele Spieler gehen mit Geburtstagen, Hochzeitstagen und anderen wichtigen Daten aus ihrem Leben ins Rennen. Deshalb ist die Zahl 19 ein ziemlicher Publikumsrenner. Auch die Zahlen von 1 bis 31 sind auf den Lottozetteln dieser Welt überdurchschnittlich oft vertreten.

Die Schar der Lottospieler benimmt sich von Woche zu Woche relativ beständig. Aus dieser Tippkonstanz der breiten Masse kann man ein paar brauchbare Schlüsse für eigene Zwecke ziehen.

Ziehen wir diese Schlüsse – aber Step by Step. Es fängt erst mal deprimierend an: Lotto ist ein lukratives Gewinnspiel für die Lotteriegesellschaft und im Schnitt ein Verlustspiel für die Spieler. Statistisch gesehen verliert man als Lottospieler langfristig Geld. Deshalb ist Lotto, was den Cashflow in die eigene Tasche angeht, nicht zu empfehlen. Außerdem kann's süchtig machen. Also lasst am besten die

Finger davon. Don't get lost in Lotto. Wer aber trotzdem spielen will, sollte ein paar simple Hinweise beachten.

Die Grundregel ist einfach auszudrücken: Verhalte dich anders als die breite Masse. Das dürfte schon klar geworden sein. Aber wie kann man diesen Rat umsetzen? Am besten, ihr lasst eure Zahlen vom Zufall bestimmen. Spielt also mit dem Zufall gegen den Zufall. Schreibt die Zahlen 1 bis 49 auf kleine Zettelchen, steckt sie in einen Hut, mischt sie und greift sechs davon beliebig heraus.

Diese Kombination nehmt ihr aber nur, wenn ein paar Bedingungen erfüllt sind. Sonst tretet die Kombi gedanklich in die Tonne. Aber nur gedanklich, bitteschön. In Wirklichkeit steckt ihr die sechs Zettel zurück in den Hut und zieht sechs neue. So werdet ihr eure eigene Glücksfee.

Welche Bedingungen sollten eure Zahlen erfüllen?

Hier sind ein paar Tipps vom Erklär-Bär fürs Tippen, die jetzt verständlich sein dürften.

Erklär-Bär

- Zählt man alle getippten Zahlen zusammen, sollte sich kein zu kleiner Wert ergeben. Die Summe der sechs Zahlen sollte mindestens 164 sein. Das ist eine Faustregel. Damit fallen 80 % aller Kombinationen weg, mit denen Spieler ins Rennen gehen, die Geburtstage und andere Kalenderdaten tippen.

- Die *Komplexität* der verwendeten Zahlen sollte nicht zu klein sein. Sie sollte mindestens 11 betragen. Dabei wird unter der Komplexität einer Zahlenkombination die Anzahl verschiedener Abstände zwischen je zwei Zahlen verstanden. Ich sage euch gleich, warum dieser Rat ratsam ist. Ein Beispiel soll erst verdeutlichen, was ich meine. Für den Tipp

$$8, 14, 25, 31, 34, 40$$

rechnen wir zuerst alle Abstände zwischen je zwei Zahlen aus:

$$14 - 8 = 6,$$
$$25 - 8 = 17,$$
$$31 - 8 = 23,$$
$$34 - 8 = 26,$$
$$40 - 8 = 32,$$
$$25 - 14 = 11,$$
$$31 - 14 = 17,$$
$$34 - 14 = 20,$$
$$40 - 14 = 26,$$
$$31 - 25 = 6,$$
$$34 - 25 = 9,$$
$$40 - 25 = 15,$$
$$34 - 31 = 3,$$
$$40 - 31 = 9,$$
$$40 - 34 = 6.$$

Das ergibt zehn verschiedene Zahlen, nämlich 3, 6, 9, 11, 15, 17, 20, 23, 26, 32, und somit die Komplexitätszahl 10. Die Komplexität dieser Zahlenkombination ist nicht groß genug. Sie ist kleiner als 11.

- Die Komplexitätszahl ist immer besonders niedrig, wenn die Zahlen arithmetische Folgen oder geometrische Muster bilden. Solche erfolgsversauenden Kombinationen werden durch die Wahl des Schwellenwerts 11 für die Komplexitätszahl aussortiert und als Tippreihe vermieden. Die Komplexität ist ein Maß für die Durcheinanderheit der Tippreihe. Je ungeordneter, desto größer der Komplexitätswert, desto besser die Tippreihe.

- Weil beim Tipp 8, 14, 25, 31, 34, 40 die Summe der sechs Zahlen gleich 152 ist, sollte er auch schon aus diesem Grund vermieden werden.

Mit schlechten Zahlen Lotto zu spielen, bringt nur Frust. Entweder man verliert, dann ist der Frust sofort da. Oder man gewinnt, dann kommt der Frust, wenn man seinen Gewinn abholt. Deshalb Qualitäts-Check für die vorgesehenen Tippzahlen nie vergessen.

Was passieren kann, wenn ihr mit einem stümperhaften Tipp ins Rennen geht, zeigt die Ziehung vom 10. April 1999 besonders gut. An diesem Tag kullerten die Kugeln 2, 3, 4, 5, 6, 26 aus der Trommel. Es gab 31 (!) Hauptgewinner und ungefähr 40.000 (!) Spieler mit fünf Richtigen.

Wahnsinn, oder?

Im Schnitt gibt es bei einer Ziehung nur eine überschaubare Anzahl von fünf und sechs Richtigen. Stellt euch vor: 40.000 Leute, die es wahrscheinlich ziemlich krachen ließen, als sie mitgekriegt haben, dass ihre Zahlen gekommen sind. Ob diese Freude aber anhielt, als die Lotterieleute ihnen den Gewinn rüberwachsen ließen?

Für die Gewinnzahlen vom 10. April 1999 bekam ein Hauptgewinner, der sonst meist mehr als 1 Million abholen darf nur 120.000 Euro. Und für fünf Richtige gab es enttäuschende 190 Euro. Ein unschönes Übel nach gefühltem Glücksrausch!

Zeit für eine kurze Bestandsaufnahme: In diesen Anfangskapiteln dürfte klar geworden sein: Das Leben ist gespickt mit Zufällen. Sie sind Teil der Wirklichkeit! Auch extreme Zufälle!

Aber auch Wunder?

Die Antwort folgt sogleich:

Kennt ihr das? Man macht eine Reise und trifft in der Ferne zufällig einen alten Bekannten wieder. Oder man träumt nachts von einem Unfall, und dann passiert der am nächsten Tag wirklich. Oder man denkt gerade an die Schwiegermutter, dann klingelt das Telefon … und wer ist dran? Der Arbeitskollege!

Spuky wird's aber, wenn wirklich die Schwiegermutter dran ist. Dann haben viele ein seltsames Gefühl, kriegen einen Schreck, denken an Gedankenübertragung oder höhere Mächte, die einem etwas sagen wollen. Nur was?

Es ist aber alles ganz normal. In einer extrem großen Strichprobe können die aberwitzigsten Zufälligkeiten auftreten. Jeden Tag erleben wir zig verschiedene Sachen, denken an hundert Dinge: Im Schnitt passiert jede Sekunde etwas. Im Wachzustand, sagen wir 15 Stunden am Tag, sind das $60 \cdot 60 \cdot 15$ also rund 50.000 Erlebnisse. Auf den Monat hochgerechnet sind das mehr als eine Million Einzelerlebnisse.

Das allermeiste davon ist uninteressant und wird vergessen. Aber immer mal wieder gibt es ein zufälliges Zusammentreffen, das stutzig macht. Der Mathematiker John Littlewood nannte Ereignisse, die nur mit einer Wahrscheinlichkeit von weniger als 1 : 1 Million passieren, „Wunder". Und er formulierte ein *Gesetz der Wunder*. Das kann man sich so überlegen.

Betrachten wir ein Ereignis, das eine Wahrscheinlichkeit von 1 : 1 Millionen hat. Dann ist die Wahrscheinlichkeit, dass dieses Ereignis nicht eintritt, gleich

$$1 - \frac{1}{1.000.000}.$$

Und die Wahrscheinlichkeit, dass dieses Ereignis in, sagen wir, einer Million Ausfällen nie eintritt, ist gleich

$$\left(1 - \frac{1}{1.000.000}\right)^{1.000.000} = 0{,}368.$$

Das ist ziemlich genau der Kehrwert der Euler'schen Zahl 2,718281 …

Demnach ist es wahrscheinlicher, dass dieses extrem unwahrscheinliche Ereignis irgendwann in der sehr langen Serie von einer Million Ausfällen eintritt. Und die Moral der Geschichte lautet: Ereignisse können extrem unwahrscheinlich sein. Doch dass das extrem wahrscheinliche Gegenereignis immerzu eintritt, ist noch unwahrscheinlicher. Als Denkvers fürs Poesiealbum hingeverselt: Wenn alles immer normal erscheint, ist das ziemlich verrückt.

Bei mehr als einer Million Ereignissen in einem normalen Monat kann Otto Normalbürger im Schnitt mit einem Wunder pro Monat rechnen. Das ist John Littlewoods Gesetz der Wunder.

Habt ihr diesen Monat schon euer Wunder erlebt? Ich hoffe, es war kein blaues.

4

Dem Darwin seine Theorie ihr kleines Problem

Berichtet, dass es manchmal doch besser ist, nicht der Tüchtigste, sondern der Schwächste zu sein. Und wie man es schafft, dass Schwäche zur Stärke wird.

In diesem Kapitel besuchen wir K-Tharina im Biologie-Unterricht. Der Lehrer behandelt heute die Evolutionstheorie von Charles Darwin.

„Wichtigster Baustein der Evolutionstheorie ist das Prinzip vom *Überleben der Tüchtigsten*. Dabei spielen Wahrscheinlichkeiten eine große Rolle. In Konkurrenzsituationen mag nicht immer der Tüchtigste überleben, doch bei ihm ist immerhin die Wahrscheinlichkeit am größten, dass er der Überlebende ist."

So spricht der Bio-Lehrer, Dr. Leo Pard. Das hört sich vernünftig an. Und das haben wir so oder so ähnlich schon mal gehört. Es ist sicher auch in sehr vielen Konkurrenzsituationen richtig.

Aber ist es immer richtig? Nein!

© Springer-Verlag Berlin Heidelberg 2016
C.H. Hesse, *Der SchnellerSchlauerMacher für Zufall und Statistik*,
DOI 10.1007/978-3-662-47120-3_4

Paradoxerweise gibt es Situationen, in denen die weniger Tüchtigen Vorteile haben oder im Extremfall sogar der mit Abstand Untüchtigste die besten Chancen hat. Das ist wirklich so. Ich würde es nicht einfach so sagen, wenn ich es euch nicht auch mathematisch beweisen könnte.

Wollt ihr die Aussage denn bewiesen haben?

Dann machen wir das doch mal: Noch relativ einfach und überschaubar bleibt die Argumentation bei einem Duell zwischen den drei Duellanten, Ali (A), Baba (B) und Carl (C).

Schütze A ist unfehlbar. Ein Typ, der immer trifft. Und zwar ins Schwarze. B hat eine Trefferwahrscheinlichkeit von 80 %, trifft also im Schnitt achtmal bei zehn Schüssen. Und Mister C hat als Schlusslicht eine Trefferwahrscheinlichkeit von nur 50 %, fifty-fifty.

Ihr stimmt mir sicher zu, wenn ich sage, dass C der untüchtigste Schütze ist.

Die drei schießen ein Duell aus, ein Triell sozusagen. Warum auch immer. Wenn ihr solche Duelle oder Trielle mit Schießen nicht mögt, könnt ihr auch annehmen, dass die drei sich mit reifen Tomaten oder mit faulen Eiern bewerfen. Jedenfalls wird das Duell so lange fortgesetzt, bis nur noch einer lebt beziehungsweise bis nur einer noch nicht von einer Tomate oder einem Ei getroffen wurde. Format: Last-Man-Standing.

Hier sind die Spielregeln nochmal genauer: Es schießt immer nur ein Schütze. Der Schütze wird nach jedem Schuss wieder durch Losentscheid ermittelt. Hat jemand Losglück, ist er mehrmals hintereinander dran. Jeder Schütze kann sein Ziel frei wählen.

Nehmen wir jetzt mal an, A und B würden, falls sie noch eine Wahl haben, immer auf C schießen und C auf B. Das ist die *Schwächste-Gegner-Strategie*: Jeder Schütze guckt sich seinen schwächsten Gegner als Ziel aus. Dann kann man mithilfe der Wahrscheinlichkeitstheorie berechnen, dass A, B und C die Überlebenswahrscheinlichkeiten 58 %, 35 % und 7 % besitzen. Nicht überraschend hat A die besten Chancen, und für C sieht es eher deprimierend aus.

Deshalb kommt C ins Grübeln. Er ist vielleicht kein guter Schütze, aber ein guter Grübler ist er doch. Und so entscheidet er sich, wenn er die Wahl hat, nicht mehr auf B, sondern auf A zu feuern. Bleibt alles andere gleich, ändern sich bei diesem Strategiewechsel die Überlebens-Chancen von A, B, C auf 43 %, 48 % und 9%. Also konnte C mit dieser naheliegenden Verbesserung seine Überlebens-Chancen steigern. Nicht viel, aber immerhin um zwei Prozentpunkte.

Die Steigerung war zu erwarten. Was aber echt überraschend ist: Nicht mehr der beste Schütze A hat jetzt die größte Überlebenswahrscheinlichkeit, sondern es ist B, der Vize-Schützenkönig.

Und das ist noch nicht alles. Sich C zum Vorbild nehmend, entschließt sich jetzt auch B bei einer Wahlmöglichkeit, nicht mehr auf C, sondern lieber auf A zu feuern. So kann er seine Überlebenswahrscheinlichkeit ebenfalls steigern, von vorher 48 % auf 54 %. A und C liegen abgeschlagen bei 24 % und 22 %. Seltsam auch, dass diese so unterschiedlich fähigen Schützen so nahe beieinander liegen.

Ihr ahnt es sicher schon. Auch der unfehlbare Schütze A kann seine Strategie noch verbessern, indem er nicht mehr C als Ziel wählt, sondern B. Dann haben wir die *Stärkste-Gegner-Strategie*, bei der sich jeder Schütze vorzugsweise seinen stärksten Gegner vornimmt.

Kann A damit seine Führungsrolle bei den Überlebenswahrscheinlichkeiten zurückerobern?

Nein: Eine kleine Wahrscheinlichkeitsrechnung führt für A, B und C auf die Chancen 29 %, 35 % und 36 %.

Hm, seltsam, seltsam. Für C sieht es am besten aus. Bekanntermaßen schwach zu sein, ist also hier als Vorteil zu sehen. Und bekanntermaßen stark zu sein, ein Wettbewerbsnachteil. Dieses Ergebnis ist paradox. Totalst. Man muss es sich wirklich auf der Zunge zergehen lassen: Der mit großem Abstand beste, ja sogar unfehlbare Schütze A hat die schlechtesten Chancen im Überlebenskampf. Hat ihn die Evolution ausgebootet oder zumindest vergessen? Offensichtlich ja. Und nicht nur das: Der mit Abstand schlechteste Schütze C ist der wahrscheinlichste Gewinner bei diesem Scharmützel.

Übrigens ist diese Stärkste-Gegner-Strategie die sinnvollste Verhaltensweise. Für alle. Keiner kann durch alleiniges Abweichen von dieser Strategie seine Chancen verbessern.

Mathematiker nennen diesen Best-for-all-Zustand ein Nash-Gleichgewicht. Diese Gleichgewichtsstrategie führt evolutionär in diesem Setting nicht zum *Überleben des Tüchtigsten*, sondern vielmehr und widersinnigerweise zum *Überleben des Schwächsten*. Und zwar in dem Sinn maximaler Wahrscheinlichkeit, den wir vorher besprochen haben.

Halten wir das mal als wichtiges Ergebnis fest: Wir haben gesehen, dass und wie die übermächtige Stärke des Starken sich unter bestimmten Umständen zu einer unerfreulichen Schwäche auswachsen kann.

Und damit übergebe ich an den Erklär-Bär.

Erklär-Bär

Rechnen wir einmal ein konkretes Beispiel durch. Und zwar die Situation, in der A, B und C zwar mit ihren obigen Trefferwahrscheinlichkeiten, jetzt aber reihum schießen, wobei sie am Anfang nur auslosen, wer als Erster, Zweiter und Dritter in jeder Runde dran ist. Jeder darf sein Ziel frei wählen. Sollte nach der ersten Runde noch mehr als ein Schütze stehen, geht es in derselben Reihenfolge weiter, wobei getroffene Schützen übersprungen werden.

A und B schießen, wenn sie an der Reihe sind, natürlich aufeinander, denn der jeweils andere ist für jeden der bedrohlichste Gegner. Es so nicht zu machen, wäre für sie nicht optimal. So weit, so gut, so leicht verständlich.

Jetzt wird's wesentlich. Ein Dschingel bitte, wenn möglich. Es kommt nämlich die geniale Überlegung von C, die ihn zum Überlebenskünstler macht. Sie beeinflusst seine Überlebens-Chancen sehr stark. Mit ihr kann er seine Gegner abhängen.

„Wenn ich einen meiner Konkurrenten beseitige", so überlegt sich Schütze C, „dann käme als Nächster der andere dran mit einem Schuss auf mich. Das ist schlecht. Denn beide schießen verdammt gut."

Aber C kann das vermeiden.

Er schießt nämlich, solange A und B beide noch mitschießen, in die Luft. Und zwar tut er das, bis entweder A den B oder B den A erledigt hat. Denn das eine oder das andere wird sich früher oder später ergeben. Sie schießen ja bei optimalem Verhalten aufeinander. Und einer wird gewinnen. Wenn dies passiert, dann ist er, C, jedenfalls als Nächster am Drücker, mit einem Schuss auf den Gewinner.

Wenn man sich das klargemacht hat, kann man die Überlebens-Chance von A leicht ausrechnen. Mit Wahrscheinlichkeit 1/2 hat er den ersten Schuss auf B. Dann war's das für B. Die Überlebens-Chance von A ist also in diesem internen Duell mit B schon einmal mindestens 1/2.

Es kommt noch etwas dazu. Mit Wahrscheinlichkeit 1/2 hat B den ersten Schuss auf A. Er trifft nicht immer, doch immerhin mit Wahrscheinlichkeit 4/5. Und mit Wahrscheinlichkeit 1/5 überlebt A. Dann ist wieder A am Schuss, weil C in die Luft schießt, und A trifft B mit Sicherheit. Dieser Fall liefert weitere $1/2 \cdot 1/5 = 1/10$ an Wahrscheinlichkeit dafür, dass A das Derby mit B überlebt. Insgesamt besteht für A die Wahrscheinlichkeit von $1/2 + 1/10 = 6/10$, dieses erste Duell für sich zu entscheiden.

Passiert dies tatsächlich, muss A gegen C antreten, der auch noch am Schuss ist. A überlebt auch hier, wenn C vorbeischießt, was mit Wahrscheinlichkeit 1/2 passiert. Und wenn C vorbeischießt, ist der selbst Geschichte. A übersteht demnach das gesamte Triell mit der Wahrscheinlichkeit $6/10 \cdot 1/2 = 3/10 = 30\,\%$.

Kommentar? Da das weniger als ein Drittel ist, muss mindestens eine der beiden anderen Überlebenswahrscheinlichkeiten größer als die von A sein. Schon hier kann man sagen: Obwohl A am Anfang formal die besten Karten hat, ist er nicht der wahrscheinlichste Winner.

Wie sieht es für B aus?

Nach Papierform ist er immerhin der Runner-up. Wir hatten schon ausgerechnet, dass B gegen A mit Wahrscheinlichkeit 4/10 gewinnt. Wenn sich dieses Foreplay so abspielt, dann ist C gegen B am Drücker, und wenn C nicht trifft (Wahrscheinlichkeit 1/2), dann trifft anschließend B mit Wahrscheinlichkeit 4/5. Bis hierher ist die Überlebens-Chance von B gegen C also $1/2 \cdot 4/5 = 4/10$. Wir müssen aber weiterdenken. Denn B verfehlt C eventuell, und zwar mit Wahrscheinlichkeit 1/5. Er bekommt eine weitere Chance, wenn auch C als Nächstes verfehlt (Wahrscheinlichkeit 1/2), und er nutzt sie und überlebt mit Wahrscheinlichkeit 4/5.

Für diese zweite Schleife ist B's Chance zu treffen nach Multiplikation der Einzelwahrscheinlichkeiten gleich $1/2 \cdot 1/5 \cdot 1/2 \cdot 4/5 = 4/100$. Es kann aber auch noch weitergehen, beliebig weit. Immer eine Runde mehr. In Runde drei kommen für die Berechnung der Wahrscheinlichkeit der dann dritten Schleife die weiteren Faktoren $1/2 \cdot 1/5 = 1/10$ hinzu. Das liefert zusätzliche $4/100 \cdot 1/10 = 4/1000$ an Wahrscheinlichkeit. Und so muss man weiterrechnen. Dabei hilft Abb. 4.1.

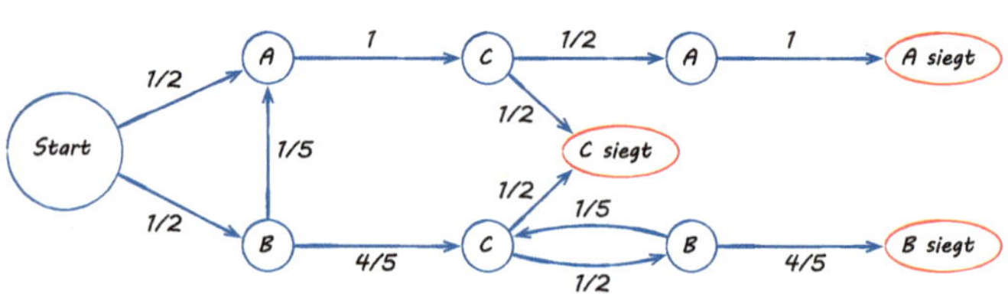

Abb. 4.1 Schematische Darstellung des Triells mit den dabei auftretenden Wahrscheinlichkeiten für die Übergänge

Alles in allem hat B gegen C die Überlebens-Chance

$$4/10 + 4/100 + 4/1000 + \ldots = 0{,}4 + 0{,}04 + 0{,}004 + \ldots$$
$$= 0{,}444 \ldots$$
$$= 4/9$$

Gegen A hatte B eine Überlebens-Chance von $4/10$. Für das ganze Triell liegt seine Gewinn-Chance also bei $4/10 \cdot 4/9 = 16/90 = 0{,}18$.

Hier angekommen, ist man aus dem Gröbsten raus. Bei C ist die Kalkulation jetzt einfach zu machen. Für ihn als schwächsten Schützen bleibt als Überlebenswahrscheinlichkeit der Rest zu 1 übrig, also der Wert $1 - 3/10 - 16/90 = 47/90 = 0{,}52$.

Sieh an, sieh an: Das ist mehr als fifty-fifty.

Dies waren keine mathematischen Taschenspielertricks oder am Reißbrett konstruierte Spitzfindigkeiten. Wissenschaftler haben ähnlich Kurioses beim simulierten Überlebenskampf zwischen drei Bakterienarten mit zyklischen Überlegenheitsverhältnissen festgestellt.

Bei zyklischer Überlegenheit ist jede Bakterienart jeweils einer anderen Art überlegen und einer weiteren Art unterlegen. So wie das beim Knobelspiel *Schere-Stein-Papier* auch auftritt, das wir im nächsten Kapitel unter die Lupe nehmen: *Stein* schlägt *Schere*, *Schere* schlägt *Papier*, *Papier* schlägt *Stein*. Auch bei zyklischer Überlegenheit mit unterschiedlichen Überlegenheitswahrscheinlichkeiten fand man in bestimmten Situationen Belege für das höchstwahrscheinliche Überleben der Schwächsten und den Untergang des Stärksten.

Was bedeutet das für Darwins Evolutionstheorie?

Sie muss ergänzt werden um das wahrscheinliche Überleben der Untüchtigsten in Situationen wie diesen.

Man könnte natürlich argumentieren, dass der schwächste Schütze im Rechenbeispiel nun mal der Tüchtigste ist, weil er mit der größten Wahrscheinlichkeit überlebt. Doch dann kommt man in intellektuelle Schwierigkeiten, weil das Denken zirkulär wird. Nämlich in folgender Weise: Darwinismus ist das Überleben der Tüchtigsten (Bestangepassten etc.). Doch wer sind die Tüchtigsten? Woran erkennt man sie? Es sind weder immer die Stärksten noch die Klügsten noch die Schönsten. Noch, wie im Beispiel, die besten Schützen. Aber wer dann? Es gibt nur eine im Sinne der Theorie taugliche Definition von Tüchtigsein. Tüchtigsein ist am Überleben erkennbar. Am tüchtigsten ist der, der überlebt. Wer nicht überlebt, ist nicht tüchtig gewesen. Dann wäre aber die Theorie des Darwinismus nur eine Theorie des Überlebens der Überlebenden.

5

Ching-Chang-Chong für Champions und Unausgeschlafene

Erläutert, wie du bei
Schere-Stein-Papier gewinnst.
Und dass auswendig gelernter
Zufall dabei unschlagbar ist.

Zeit: 23. April 2005, irgendwann nachmittags. Ort: ein Firmenhochhaus, im großen Irgendwo von Tokio. Der Chef der Firma, Takashi Hashiyama, hat gerade einen versiegelten Umschlag geöffnet. Ein Zettel steckt drin. Auf dem Zettel steht das Wort „Papier". Sonst nichts. Nur dieses eine Wort. Der Umschlag stammt von dem berühmten Auktionshaus Sotheby's.

Als Nächstes öffnet der Firmenchef einen Umschlag vom genauso berühmten Auktionshaus Christie's. Auch darin findet er nur einen Zettel. „Schere" steht darauf.

„Schere schneidet Papier." *Schere* war Christie's Choice. Christie's hat bei einem ziemlich lukrativen Spiel gegen Sotheby's gewonnen. Das Spiel heißt *Schere-Stein-Papier*

© Springer-Verlag Berlin Heidelberg 2016
C.H. Hesse, *Der SchnellerSchlauerMacher für Zufall und Statistik*,
DOI 10.1007/978-3-662-47120-3_5

oder *Ching-Chang-Chong*. Ein Knobelspiel. Ursprünglich ein Kinderspiel.

Aber hier war es kein Kinderspiel: Als Lohn des Siegers wird Christie's nun alle Kunstwerke im Besitz von Hashiyamas Firma versteigern dürfen, darunter berühmte Gemälde von Vincent van Gogh, Paul Cézanne und Pablo Picasso. Die erwarteten Umsätze liegen in der Gegend von zig Millionen Dollar.

Hashiyama hatte sich nämlich nicht entscheiden können, welchem der beiden Auktionshäuser er den Zuschlag geben sollte. Beide Häuser hatten ihm ähnliche Angebote für die Versteigerung gemacht. Deshalb lud er beide zu einem Spiel von *Schere-Stein-Papier* ein.

Christie's und Sotheby's nahmen die Einladung an. Sie beauftragten ihre Kreativabteilungen, eine Strategie für diesen Wettbewerb zu entwickeln. Was sollte man wählen: *Stein* oder *Schere* oder *Papier*? *Schere* schlägt *Papier*, *Papier* schlägt *Stein*, *Stein* schlägt *Schere*.

Wie kam der Sieg von Christie's zustande? War es Glück? Nicht nur! Einer der Chefs von Christie's hatte einfach seine elfjährige Tochter gefragt, und diese hatte ihm den Vorschlag *Schere* gemacht. Sie meinte, weil die Erwachsenen bei Sotheby's Anfänger sind, die sich aber über das Spiel sicher informiert haben, werden sie nicht *Stein* wählen, was zu offensichtlich wäre. Und *Schere* schlägt *Papier*. Wenn Sotheby's selbst auch *Schere* wählt, dann sollte Christie's in der zweiten Runde wieder *Schere* wählen, weil jeder erwarten würde, dass Christie's dann *Stein* nimmt.

Man merkt schon: Laien sehen in diesem Spiel nur wenige Möglichkeiten, für Kenner gibt es aber sehr viele.

Für Laien sieht es nämlich nach einem reinen Glücksspiel aus. Ist es aber nicht. Es hat eine ganze Menge mit Psychologie und Strategie zu tun. Und die ist ziemlich vertrackt.

Man spielt nicht das Symbol, das man für vielversprechend hält. Sondern das, was das Symbol schlägt, was der Gegner, der das Ganze aus demselben Blickwinkel betrachtet, nach dem bisherigen Verlauf für sich für vielversprechend hält.

Ist das so weit klar?

Dann kann ich euch sagen: Eigentlich ist das noch viel zu simpel gedacht. Eigentlich ist es nötig, die Schraube noch einige Umdrehungen weiterzudrehen: Man muss seine Intelligenz anstrengen, um vorherzusehen, was der Gegner erwartet, was man selbst spielt angesichts der Tatsache, dass er weiß, dass wir wissen, dass er weiß, dass wir genauso kombinieren und bei diesen Überlegungen einen Schritt weiterkommen wollen als er.

Ist das so weit …? Ihr wisst schon. Gut.

Dieses verschachtelte Hin und Her erinnert mich an einen Film, den ich mal sah: *Romanoff und Julia*. Es ist eine Komödie aus der Zeit des Kalten Krieges. Eines Tages trifft der Regent eines winzigen, fiktiven Landes den amerikanischen Botschafter, der ihn informiert, die Russen planten eine Militäraktion gegen sein kleines Land.

Sofort kontaktiert der Regent den russischen Botschafter und sagt nach etwas Vorgeplänkel: „Sie wissen, dass ihr was vorhabt."

Der Russe bleibt gelassen und erwidert: „Wir wissen, dass sie es wissen."

Der Regent stürmt zurück zum amerikanischen Botschafter und sagt: „Sie wissen, dass ihr es wisst." Der sagt unbewegt: „Wir wissen, dass sie wissen, dass wir es wissen."

Der Regent wieder retour zum russischen Botschafter und spricht: „Sie wissen, dass ihr wisst, dass sie es wissen." Gelassen antwortet der Russe: „Wir wissen, dass sie wissen, dass wir wissen, dass sie es wissen."

Regent wieder zum amerikanischen Botschafter: „Sie wissen, dass ihr wisst, dass sie wissen, dass ihr es wisst." Der Amerikaner wiederholt die Worte, dabei langsam an den Fingern abzählend, und ruft dann bestürzt: „Was, das wissen sie auch?"

Fast so wie Schach fühlt sich dieses wiederholte Hin und Her und Her und Hin bei *Ching-Chang-Chong* an; das meinen die, die beide Spiele ziemlich gut spielen können.

Auch im Schach sollte man nicht nur etwas tun. Sprich: einen Zug machen. Sondern der Gegner muss mit seinen Möglichkeiten einbezogen werden. Und man sollte sich nicht nur fragen: „Was soll ich tun?" oder „Was würde ich an seiner Stelle tun?", sondern: „Was würde ich tun, wenn ich an seiner Stelle wäre und mich fragen würde, was er tun würde, wenn er an meiner Stelle wäre und sich fragen würde, was ich an seiner Stelle tun würde." Mindestens das, wenn nicht sogar mit noch mehr Hin und Her.

Wie im Schach gibt es auch regelmäßig Turniere und Meisterschaften, sogar Weltmeisterschaften. Und die Weltklassespieler sind sich einig, dass *Ching-Chang-Chong* mit Glück kaum etwas zu tun hat.

Das Spiel ist mehr als 4000 Jahre alt und wurde zuerst in Japan gespielt. Heutzutage ist es überall bekannt, auf der ganzen Welt. Aber unter den verschiedensten Namen: Nicht nur als *Schere-Stein-Papier* oder *Ching-Chang-Chong*, sondern auch als *Schnick-Schnack-Schnuck*, *Klick-Klack-Kluck* oder *Ro-Shan-Bo* wird es gespielt, um schnell mal was auszuknobeln.

Die Theorie des langen, abwechselnden Hin und Her ist ja schön und gut. Aber jetzt mal ganz praktisch nachgefragt: Mit welcher Strategie soll ich in dieses Spiel einsteigen? Kann ich optimal spielen? Oder ist die Frage sinnlos, weil kein tauglicher Ansatz für eine wirksame Praktik und Taktik denkbar ist?

Allein zu diesen Fragen kann man eine Menge sagen.

Hier sind ein paar Antworten und Faustregeln: Die Top-Ten-Tipps der Spitzen-Schnuckologen:

1. Männliche Anfänger fangen oft mit *Stein* an. Die geballte Faust steht für Kraft, Energie und Elan. Im Spiel gegen männliche Anfänger empfehlen Experten deshalb, *Papier* zu wählen.

2. Der professionelle Turnierspieler Jason Simmons hat sich mit der psychologischen Seite des Spieles beschäftigt und einige Muster entdeckt.
   Im übertragenen Sinn steck im Menschen noch die Vorstellung, meint er, dass Jungs typischerweise ein Problem direkt zupackend mit der Kraft eines Steines lösen. Unbewusst fühlt sich *Stein* am stärksten an. Schon die Höhlenmenschen wussten das, und ganz tief drinnen haben auch moderne Jungs, kleine und auch große, noch viel mit Höhlenmenschen gemeinsam.
   Viele Mädchen andererseits reagieren eher auf passiv-aggressive Weise, wie sie zum Beispiel im Lösen von manchen Problemen mit einer anonymen Botschaft auf Papier ausgedrückt werden kann. Jason sagt, er hätte aus

jahrelanger Spielerfahrung den Schluss gezogen, dass weibliche Anfänger am wahrscheinlichsten mit *Papier* einsteigen.

Die wenigsten Anfänger, weder Mädchen noch Jungs, lösen ein Problem mit einer Schere. Scheren sind Instrumente für Fortgeschrittene. *Schere* wird deshalb von Anfängern selten am Anfang gezogen.

3. Spielt man gegen einen erfahrenen Jungen, kennt er das *Stein*-Stereotyp und hält es für zu leicht ausrechenbar. Er wählt deshalb am Anfang meistens *Schere* oder *Papier*. Daher sollte man gegen solche Spieler am besten mit *Schere* starten.

   Spielt man gegen ein erfahrenes Mädchen, kennt es das *Papier*-Stereotyp natürlich auch und wird deshalb *Stein* oder *Schere* wählen. Dagegen setzt man am besten *Papier* ein, wenn man Stein vermeiden will.

4. Ein gutes Mittel gegen ungeübte Spieler besteht darin, auf Doppelausspielungen desselben Symbols zu achten. Wenn so etwas gespielt wurde, wird euer ungeübter Gegner höchstwahrscheinlich nicht noch ein drittes Mal dasselbe Symbol ziehen. Keiner will beim Spiel ausrechenbar erscheinen, und das beginnt für viele Spieler schon damit, dass dreimal dasselbe gemacht wird. Bei erfahrenen Spielern kann man aber nach einem solchen Doppel noch ein drittes Mal mit demselben Symbol rechnen. Tripel kommen bei ihnen öfter vor.

5. Hier ist eine Masche, die oft ganz gut funktioniert. Sie kommt aus der Schublade *Psychotricks*. Sagt eurem Gegner, was ihr spielen wollt, und spielt das dann wirklich. Die meisten werden nicht damit rechnen, dass ihr wirklich so dreist seid und das spielt, was ihr angesagt habt.

Wenn ihr also *Stein* ankündigt, wird euer Gegner wohl nicht *Papier* wählen, sondern eher *Stein* oder *Schere*, sodass ihr mit einem eigenen *Stein* mindestens ein Unentschieden habt, aber mit dem draufgängerischen Bluff fifty-fifty-mäßig sogar gewinnt. Jedenfalls nicht verliert.

6. Ihr könnt auch ein rückwärtiges Gegenteilsprinzip einsetzen: Wenn es keine anderen Punkte zu berücksichtigen gibt, spielt nach ein paar aufeinanderfolgenden eigenen Siegen das aus, was gegen die letzte Wahl eures Gegners verloren hätte. Hört sich kompliziert an?
   Die Denke dahinter ist einfach. Frustrierte Spieler neigen unbewusst dazu, das Symbol zu spielen, das ihr letztes Symbol besiegt hat. Wenn euer Gegner also zuletzt mit *Stein* gegen *Papier* verloren hat, spielt er häufig *Papier*, sodass ihr mit *Schere* gewinnt.

7. Wenn einer mehrmals hintereinander vergeigt hat, kommt er gerne mit *Stein* heraus. Wie gesagt: Es ist das Symbol von Kraft und Stärke. Und unbewusst versucht er nach den Niederlagen, sich so zu verstärken.
   Wenn jemand umgekehrt eine Gewinnserie hatte, wird er oft überkühn und zeigt euch eine *Schere*.

8. Der Weltklassespieler Graham Walker empfiehlt zwei Wege zum Sieg, die auch auf Psychologie beruhen. Bei beiden wird der Gegner handfest manipuliert. Erstens: Ihr nehmt ihm eine seiner Möglichkeiten. Und zweitens: Ihr zwingt ihn, einen vorhersehbaren Zug zu machen.
   Diese Manipulationen müssen aber so vorgenommen werden, dass sie auf unbewusster Ebene ablaufen. Der Gegner darf auf keinen Fall merken, dass er manipuliert wird.

Aber das ist leichter gesagt als getan. Wie geht das?
Man kann zum Beispiel beim Spiel gegen einen Anfänger diesem noch einmal die Regeln vergegenwärtigen und ihm dabei einen unbewussten Vorschlag machen, indem man ihm das Symbol wiederholt zeigt, von dem man möchte, dass er es spielen soll. Ja, so einfach. Sagt ihm zum Beispiel: „*Papier* schlägt *Stein*" (zeigt ihm dabei *Papier*, die flache Hand), „*Schere* schlägt *Papier*" (wieder die flache Hand zeigen), „*Stein* schlägt *Schere*, und *Papier* schlägt *Stein*"(flache Hand zeigen!), so schließt sich der Kreis. Achtet auf jeden Fall darauf, dass *Papier* das letzte Symbol ist, das ihr eurem Gegner zeigt. Wenn der unerfahren oder unkonzentriert ist, wird er den Trick nicht durchschauen und mit großer Wahrscheinlichkeit als Erstes *Papier* spielen. So arbeitet das Unbewusste nun mal. Psycho-Experten nennen das Konditionierung.

9. Habt ihr gar keinen Plan, was ihr tun sollt, dann spielt *Papier*. Analysen großer Datenmengen von Wettkämpfen auf allen Ebenen haben nämlich ergeben, dass *Schere* mit 29,6 % am seltensten gespielt wird. Am häufigsten ist *Stein* mit 35,4 %, aber nur knapp: *Papier* kommt immerhin auf 35,0 %.

10. Noch ein anderer Vorschlag für den Fall von Keinen-Plan-Haben: Versucht, etwas Zufälliges zu spielen. Macht dafür euren Kopf frei, driftet mental ab, denkt an etwas völlig anderes und wählt erst im allerletzten Moment etwas, das euch gerade in den Kopf kommt, ohne an alles Vorhergehende zu denken.

Wird, wie so oft, bis zum dritten Sieg spielt, gibt es eine Strategie, mit der die Experten gute Erfahrungen gemacht habe: Man spielt das erste Symbol dreimal hintereinander, zum Beispiel einen Dreierpack *Papier*. *Nach* dem zweiten Mal rechnet euer Gegner nicht damit, noch einmal *Papier* zu sehen. Er spielt dann selbst *Papier*. Beim vierten Spiel und dreimal gegen *Papier* wird er aber dann doch *Schere* spielen, was gegen *Papier* gewinnen würde. Aber ihr rechnet damit und spielt beim vierten Mal *Stein* und erst danach wieder *Papier*. Hier ist ein plausibler Spielverlauf bei diesem Handling:

Ihr selbst	Euer Gegner	Spielstand aus eurer Sicht
Papier	Stein	1 : 0
Papier	Schere	1 : 1
Papier	Papier	1 : 1

Jetzt denkt euer Gegner, ihr seid auf *Papier* abonniert. Künstlerpech:

Stein	Schere	2 : 1
Papier	Schere	2 : 2

Oder euer Gegner spielt *Stein*, und ihr habt gewonnen. Wenn nicht gerade eben schon, dann wahrscheinlich jetzt, weil ihr bis hierher noch nicht *Schere* gespielt habt. Deshalb rechnet euer Gegner damit. Aber ihr spielt das nicht, sondern:

Papier	Stein	3 : 2

Das macht 3 : 2 für euch. Gut gemacht!

Übrigens: Die Sache mit der rein zufälligen Wahl ist kein schlechter Tipp. Mathematisch gesehen kann man gegen einen Gegner, der nach dem reinen Zufallsprinzip spielt, langfristig nicht gewinnen. Und wenn man selbst davon abweicht – zum Beispiel, indem man die Gleichhäufigkeit der Symbole bei sich aufgibt oder unbewusst nach zweimaliger Wiederholung mit großer Wahrscheinlichkeit zu dem Symbol wechselt, welches das zweimal wiederholte Symbol besiegt –, dann wird man vom reinen Zufallstrategen langfristig fertig gemacht. Garantiert.

Es ist aber so, dass Menschen sich nicht wirklich zufällig verhalten können. Für uns ist es praktisch unmöglich, ohne Hilfsmittel rein zufälliges Verhalten an den Tag zu legen. Und selbst wenn wir uns noch so sehr anstrengen, um zum Zufallsgenerator zu mutieren, gerade dann werden wir ziemlich leicht ausrechenbar.

Das hatten wir schon im allerersten Kapitel besprochen und an der Austricksmaschine von Claude Shannon verdeutlicht. Erinnert ihr euch?

Shannons Austrickser ist ein Automat für dieses kleine Ratespielchen zwischen Mensch und Maschine: Der Mensch nennt eine der Zahlen 0 oder 1. Vorher hat die Maschine verdeckt eine Prognose darüber abgegeben, was der Mensch nennen wird. War die Prognose richtig, bekommt die Maschine einen Punkt, sonst der Mensch. Wer zuerst bei 100 Punkten ankommt, gewinnt.

Es wäre für den Menschen am besten, eine reine Zufallstrategie zu fahren. Dann hätte die Maschine keinen Ansatzpunkt, um im Spiel irgendwelche unbewussten Muster zu erkennen und auszuschlachten. Mensch und Maschine hätten dann dieselben Gewinnchancen. Zwischen ihnen kann es dann so oder so ausgehen.

Aber: Menschen können keinen Zufall. Was machen dann Weltklassespieler unter den Schnuckologen gegen die Unmöglichkeit, sich wie Zufallsgeneratoren zu verhalten?

Ganz einfach, sie lassen einen echten Zufallsgenerator die Arbeit tun: Sie setzen sich zu Hause hin und würfeln vor dem Spiel lange Symbolfolgen mit einem Würfel aus. Die lernen sie auswendig und spielen die Abfolge als sogenanntes *Gambit*. So heißen diese selbst erzeugten Zufallsserien im Spielerslang.

Wer das längere Gambit im Kopf hat, wer die längere Zufallsfolge auswendig kann, erhöht seine Gewinnwahrscheinlichkeit gegenüber einem Gegner mit kürzerer Folge. Zufallsgambits sind der größte strategische Fortschritt im *Ching-Chang-Chong* auf Weltniveau.

Das ist das, was mir zu diesem Spiel momentan einfällt.

Aber das soll's hier noch nicht gewesen sein. Als Zugabe gibt es noch etwas Auchsehrgutes von der Beispielbörse zur Spieltheorie: ein anderes Knobelspiel, das ein sehr überraschendes, weil kontraintuitives Verhalten zeigt. Präsentiert vom Erklär-Bär.

Erklär-Bär

Kennt ihr *Morra*?

In Italien ist das Spiel beliebt, aber auch bei uns bekannt. Es ist gleichzeitig etwas einfacher und etwas komplizierter als *Schere-Stein-Papier*. Einfacher, weil es jedem Spieler nur zwei Möglichkeiten bietet. Komplizierter, weil es nicht nur einen Sieger oder ein Unentschieden gibt, sondern gestaffelte Auszahlungen vom Besiegten an den Sieger.

Beim *Zwei-Finger-Morra* heben beide Spieler, nennen wir sie mal Anne und Bert, gleichzeitig jeweils einen oder zwei Finger. Die Auszahlung entspricht der Summe der gezeigten Finger, zum Beispiel in Euro. Diesen Euro-Betrag zahlt Anne an Bert, wenn beide Spieler dieselbe Anzahl von Fingern gezeigt haben. Ist das nicht so, geht es umgekehrt, und Bert zahlt an Anne.

Wie ist dieses Spiel einzuschätzen?

Wir brauchen eine Analyse. Und um die in Gang zu setzen und flottzukriegen, sagen wir abkürzend „Anne spielt die Strategie a", wenn Anne mit Wahrscheinlichkeit a einen Finger zeigt. Mit Wahrscheinlichkeit $1 - a$ zeigt sie dann zwei Finger. Von Spiel zu Spiel agiert sie unabhängig, so wie übrigens auch Bert, der „die Strategie b spielt", wenn er mit Wahrscheinlichkeit b einen Finger zeigt und mit Wahrscheinlichkeit $1 - b$ entsprechend zwei Finger.

Ihr denkt vielleicht, dass hier wegen Spiegelbildlichkeit ein Gleichgewicht erreicht wird, wenn beide Spieler unabhängig voneinander jeweils die Strategie $1/2$ spielen, also je zur Hälfte mal nur einen, mal zwei Finger strecken. Checken wir rechnerisch, ob das stimmt. Bei beidseitiger Fifty-fifty-Strategie ist der erwartete Payoff aus der Sicht von Anne gleich

$$P = \frac{1}{2} \cdot \frac{1}{2} \cdot [(1 + 2) + (2 + 1) - (1 + 1) - (2 + 2)] = 0.$$

Payoff heißt dabei so viel wie Rendite. Oder, falls ihr euch mit diesem Begriff noch weniger anfreunden könnt: Es ist das, was rauskommt, wenn man die erwartbaren Einnahmen gegen die Ausgaben verrechnet. Kommt dann bei Anne was rein, oder zahlt sie drauf?

Weder noch im gerade berechneten Fall: Langfristig gewinnt Anne im Schnitt nichts, verliert aber auch nichts. Das Spiel scheint fair. Es sieht stark nach Chancengleichheit aus.

Seltsamerweise ist das aber nicht so. Die Chancen sind nicht ausgeglichen. Das Spiel ist nicht fair. Anne gewinnt im Schnitt nicht nichts.

Um das zu verstehen, sollten wir ausrechnen, was bei anderen Strategien los ist. Checken wir den erwarteten Gewinn, wenn Anne mit Strategie a und Bert mit Strategie b ins Rennen geht.

Mit einer Wahrscheinlichkeit von $a \cdot (1 - b) + b \cdot (1 - a)$ erhält Anne die Auszahlung 3 Euro und muss mit den Wahrscheinlichkeiten $a \cdot b$ bzw. $(1 - a) \cdot (1 - b)$ entweder 2 oder sogar 4 Euro an Bert rüberschieben. Das ist der von a und b abhängende mittlere Payoff von Anne:

$$\begin{aligned} P(a, b) = \ &3\,[a \cdot (1 - b) + b \cdot (1 - a)] \\ &- 2 \cdot a \cdot b - 4 \cdot (1 - a) \cdot (1 - b). \end{aligned}$$

Am tollsten wäre es natürlich für einen der beiden Spieler, wenn er sich, ganz egal, was die Gegenseite strategisch macht, immer einen positiven langfristigen Payoff sichern könnte. Und diese Möglichkeit gibt es tatsächlich. Es ist Anne, die dieses Glück hat.

Ganz gleich, welche Wahrscheinlichkeit b Bert wählt, Anne kann sich immer einen Vorteil verschaffen. Der Vorteil fällt ihr natürlich nicht einfach so in den Schoß. Nein, Anne muss schon arbeiten dafür. Und zwar muss sie ihre beste Strategie ermitteln. Bei schlauer, also optimaler Wahl a_0 ihrer Strategie kann sie für sich einen positiven erwarteten Payoff sicherstellen.

Und es ist interessanterweise derselbe Payoff c für alle möglichen Strategien b, die der arme Bert spielen kann.

Wenn das stimmt, denkt ihr jetzt vielleicht, dann müsste sich ja zum Beispiel für Berts Strategien $b = 0$ und $b = 1$ jeweils derselbe, und zwar dieser Payoff c ergeben. Ja, damit habt ihr recht. Dieser Gedanke bringt uns auf

$$P(a_0, 0) = P(a_0, 1) = c,$$

und damit auf zwei nützliche Gleichungen, wenn man in die Formel für den Payoff einsetzt:

$$7a_0 - 4 = c$$
$$7 \cdot (1 + a_0) - 12a_0 - 4 = c.$$

Zwei erfreulich einfache Gleichungen für zwei Unbekannte sind das. Also machbar. Durch Subtraktion der zweiten von der ersten Gleichung ergibt sich die noch einfachere Gleichung

$$12a_0 - 7 = 0,$$

die durch winziges Umstellen auf die Lösung

$$a_0 = \frac{7}{12}$$

führt.

Und tatsächlich ist mit der Sieben-Zwölftel-Strategie von Anne bei beliebiger Strategie von Bert der Payoff

$$P(a_0, b) = 7 \cdot (a_0 + b) - 12 \cdot a_0 \cdot b - 4 = \frac{1}{12}.$$

Dieser Wert 1/12 ist damit der oben angesetzte Payoff c. Ein nicht nur nennenswertes, sondern staunenswertes Ergebnis: Bert kann machen, was er will. Zieht Anne ihre Strategie $a_0 = 7/12$ durch, dann garantiert ihr das im Mittel einen Gewinn von 0,085 Euro pro Spiel.

Das Spiel ist also hochgradig unfair für Bert, bei bestmöglichem Spiel von Anne.

„Fack", denkt Bert. Genaugenommen denkt er nicht genau dies, sondern etwas Ähnliches, das sich nicht nur in Gedanken genauso anhört. Zwar nicht das beste, aber ein mögliches Fazit zu diesem Anne-und-Bert-Spiel.

Na ja, vielleicht doch noch eine kurze Überleitung: In diesem Kapitel ging es um die Knobelspiele *Schere-Stein-Papier* und *Morra*. In der nächsten Runde werdet ihr überrascht sein, wer auch – und auf welche Weise – ebenfalls knobelt.

Ring frei zur nächsten Runde!

6
Selbst Mother Nature zockt und rockt

Enthüllt, dass auch Mutter Natur
gerne knobelt.
Und zeigt, welche Vorteile
das für sie bringt.

Yes, es ist Mutter Natur. Auch sie ist immer mal wieder für ein Spielchen zu haben. Selbst *Schnick-Schnack-Schnuck* hat sie im Repertoire. Eine Eidechsenart mit dem schönen Namen Seitenfleckenleguan lebt auf diese Weise ihr Liebesleben aus. Hier wie auch sonst ist die Natur ganz schön geistreich. Darüber möchte ich jetzt mit euch sprechen. Dieses Kapitel ist ein bisschen länger als die anderen. Director's Cut sozusagen. Denn es gibt ganz besonders viel ganz besonders Gutes unter dieser Überschrift zu erzählen.

© Springer-Verlag Berlin Heidelberg 2016
C.H. Hesse, *Der SchnellerSchlauerMacher für Zufall und Statistik*,
DOI 10.1007/978-3-662-47120-3_6

Im Leben der Eidechsen spielen Farben eine ziemlich große Rolle. Das sieht man am deutlichsten an den Männchen. Die Leguanmännchen haben eine von drei Farben: Orange oder Blau oder Gelb. Den Weibchen gefallen die Farben der Männchen. Warum auch nicht? Sind's die Männchen farben-froh, macht's die Weibchen ebenso. Sie haben aber, wen wundert's, ihre Vorlieben. Wenn sie aussuchen können, bevorzugen sie Orange gegenüber Blau, Blau gegenüber Gelb, Gelb gegenüber Orange. Und zwar gerade auch bei der Konkurrenz der Männchen um eine Paarung mit ihnen. Ein Weibchen paart sich lieber mit einem orangefarbenen als mit einem blauen Männchen.

Die Weibchen sind als Gruppe sehr homogen. Jedes Weibchen hat dieselben farblichen Vorlieben. Nicht erst das zeigt mir, dass ich kein Leguan-Weibchen sein kann, denn ich bevorzuge zum Beispiel Blau gegenüber Orange. Aber egal.

Jedenfalls: Es gibt keine beste Farbe für ein Männchen. Die hätte sich in der Evolution nämlich schon lange gegen die anderen durchgesetzt. Am anderen Ende gibt es auch keine absolute Abtörnfarbe. Jede Farbe schlägt vielmehr eine andere Farbe und wird von einer anderen Farbe selbst kaltgestellt.

Fällt euch was auf?

Richtig! Das ist genau wie mit den Symbolen bei *Schere-Stein-Papier*. Alias *Schnick-Schnack-Schnuck*. *Schnuck* schlägt *Schnack* schlägt *Schnick* schlägt *Schnuck*. Das ist der kleine Kreislauf, der dort Dominanz verhindert. So sichert die Natur auch bei den Leguanen ein Gleichgewicht durch das ringförmig verschachtelte Muster von Unter- und Überlegenheit. Hört sich ziemlich simpel an.

Aber die Natur wäre nicht die Natur, wenn sie nicht noch subtiler wäre. Denn nicht nur die Farbe ist bei diesen drei Leguanvarianten unterschiedlich. Auch ihr Partnerschaftsverhalten könnte unterschiedlicher kaum sein. Aus der Farbe können die Weibchen erkennen, um welchen Typ von Männchen es sich handelt. Das ganze Paarungs- und Weibchenanmach- und -eroberungsverhalten eines Männchens hängt von seiner Farbe ab.

Zum Beispiel die Männchen in Orange. Sie sind größer als die anderen und haben viel mehr Testosteron. Sind also stark testosterongesteuert. Das macht sie aggressiver. Sie erobern riesige Reviere. Innige oder dauerhafte Bindungen sind nicht ihr Ding. Sie gehen keine enge Beziehung mit einem Weibchen ein, sondern umgeben sich mit einem Harem vieler Weibchen. Der Leguantyp von dschingiskhanischer Art.

Blaue Männchen sind da anders. Von der Statur her eher mittelgroß und mittelstark bewirtschaften sie kleinere Reviere, haben eine enge Beziehung mit nur einem Weibchen und helfen diesem bei der Aufzucht der Jungtiere. Sie verbünden sich mit anderen blauen Leguanen, um ihr Revier und ihr Weibchen gegen Eindringlinge zu verteidigen. Der Typ guter Familienvater.

Gelbe Männchen sind Vagabunden. Ein Revier haben sie gar nicht erst, sondern schleichen sich in fremde Gebiete ein, indem sie weibliche Tiere nachahmen, um dem Revierchef nicht negativ aufzufallen. Wenn der Chef dann anderweitig beschäftigt ist, zum Beispiel mit Territorialkämpfen gegen andere Männchen, die ihm seinen Besitz streitig machen wollen, geben die gelben Männchen ihre Tarnung auf und paaren sich mit den Haremsweibchen des Haremshäuptlings. Listige Strategie. Das ist der Typ Streuner. Und so werden sie in der Biologie auch genannt.

Was die reine Fortpflanzung angeht, haben alle drei Arten ihre Vor- und Nachteile. Typischerweise leben Männchen aller drei Farben in einer größeren Region zusammen. Ausgedehnte Studien haben gezeigt, dass alle paar Jahre die zahlenmäßig dominierende Art wechselt, und zwar auch wieder nach einem ringförmigen Muster.

Für vier bis fünf Jahre beherrscht eine Variante das Feld. Sie nimmt anfangs langsam an Zahl zu, bevor sie ihren Höhepunkt erst erreicht, dann überschreitet und wieder abnimmt, während eine rivalisierende Spielart, die dieses Schwächeln ausnutzen kann, schleichend die Oberhand gewinnt. Auch sie überschreitet irgendwann ihren Zenit und klingt ebenfalls ab.

Die orangefarbenen Männchen haben Vorteile gegenüber den blauen Männchen bei Kraft und Größe, Revierfläche und Weibchenzahl. Aber je größer ihr Revier wird und je mehr ihr Harem anwächst, desto mehr Angriffsflächen bieten sie den streunenden gelben Vagabunden. Ein großes Revier ist anstrengend. Klar. Ein großer Harem ist auch anstrengend. Noch klarer. Und beides ist doppelt anstrengend. Im Schlepptau der Stärke von erfolgreichen orangefarbenen Männchen profitieren deshalb auch die gelben Männchen. Und lachen sich ins Fäustchen.

Doch da hört's noch nicht auf: Die gelben Männchen sind den blauen Männchen unterlegen, denn die blauen können mit Kooperationen leicht ihre Weibchen gegen gelbe Eindringlinge verteidigen und Paarungen mit diesen Männchen verhindern. Im direkten 1 : 1-Gerangel zwischen Blau und Gelb gehen also die gelben Farben unter.

Und wenn es weniger gelbe Männchen gibt? Na klar, dann nützt das den orangefarbenen Männchen, die sich dann mit mehr Weibchen paaren können. Und so ihrer Farbe zu größeren Anteilen verhelfen.

Und jetzt?

Falls Zusammenfassung gewünscht, hier ist eine: Jede Farbe ist stärker oder schwächer als genau eine andere Farbe. Das absolute *Am-besten-Sein* gibt's nicht. Es dominieren hier Stärke und Gewalt (orange) über Verteidigungsbereitschaft plus Kooperation (blau). Diese Kombi wiederum ist stärker als Betrug und Täuschung (gelb). Schließlich sind Betrug und Täuschung (gelb) der mit Kraft gepaarten Gewalt (orange) überlegen. So schließt sich der Kreis. Diese Beziehungen führen zu einem Gleichgewicht der drei Farben in der Natur.

Das Ganze ist eine groß angelegte, ausbalancierte *Ching-Chang-Chong*-Choreografie der Extraklasse. Ähnliches kommt in vielen Konkurrenzsituationen vor. Irgendjemand scheint ein Faible dafür zu haben.

Kommt es euch auch alles irgendwie bekannt vor? Vielleicht ein bisschen!

Nämlich von uns. Bei uns Menschen treten die einzelnen Typen – Aggressor, Täuscher, Kooperator, Vagabundierer – auf wirtschaftlichem, politischem, wissenschaftlichem, sexuellem Terrain und auf vielen anderen Spielwiesen unserer Kultur auf. Von Kinderkrabbelgruppe bis Seniorenwohnheim. Ganz sicher sind euch diese verschiedenen Typen, in abgeschwächter oder veränderter Form, bei menschlichen Männchen auch schon begegnet.

Übrigens: Der Jüngling im obigen Bild – schon bald wird er sich einen Nasenbeinbruch zuziehen. Nämlich wenn er nächstens, unterm Solarium liegend, plötzlich niesen muss.

Puh, dieses mentale Abdriften zeigt: Jetzt muss ich mich aber erst mal ausruhen. Warum nicht mit einem Videospiel? Währenddessen übernimmt der Erklär-Bär.

> **Erklär-Bär**
>
> 
>
> Unterbrechen wir also diesen dichten Denkstrang für einen kurzen Abstecher in die Welt der Videospiele. Ähnliche Konkurrenz-Konstruktionen und Strategiemuster wie bei den Leguanen finden sich vom Prinzip her auch in Multi-Player-Videospielen. Viele dieser Spiele zeigen Bewegungsabläufe nach Art von *Schere-Stein-Papier*. Ihre Zufallsgeneratoren und das Zusammenspiel von Über- und Unterlegenheit arbeiten nach demselben Schema, weil damit auch hier langfristig ein Gleichgewicht sichergestellt ist.
>
> Doch Ausgeglichenheit über längere Zeiten hin oder her: Es treten beim Spielen dieser Spiele trotzdem wechselnde Zyklen auf. Ich bin sicher, viele von euch kennen das: Zu einer bestimmten Zeit sind bestimmte Strategien bei bestimmten Spielern populär, doch werden diese schrittweise wieder aufgegeben, und alternative Spielweisen werden an ihrer Stelle beliebter. Alternative Strategien werden meistens dann beliebter, wenn sie sich als effektiver Konter gegen oft eingesetzte Strategien herausstellen.
>
> Im Ergebnis treten diese frech gekonterten Strategien immer seltener in Aktion. Ersatzweise wird die Konterstrategie schleichend populärer. Aber auch gegen diese Konterstrategie

wird irgendwann eine Antikonterstrategie gefunden, die sich langsam durchsetzt, weil man mit ihr Oberwasser bekommt. Dieses Muster setzt sich zyklisch fort.

Das war vielleicht mehr als einen Tick zu langatmig. Kurz und knapp getextet hört sich das so an: Eine Strategie ist vorherrschend. Es gibt aber ein Gegenmittel. Es wird entdeckt. Es wird langsam beliebter. Es wird vorherrschend. Es gibt aber ein Gegenmittel. Es wird entdeckt. Es wird langsam beliebter. Es wird vorherrschend. Es gibt aber … und so weiter und so fort.

Um diese neuen Erkenntnisse bereichert biegen wir aus der Pause wieder ab zu den Leguanen. Die Leguane leben ihr Liebesleben im Multi-Player-Modus. Schnick-schnack-schnuckig eben. Studien zeigen, dass auch in ihren Populationen Dynamiken wechselnder Strategiedominanz deutlich werden. Das lässt sich leicht verstehen, wenn man weiß, dass die männlichen Nachkommen eines Leguans dieselbe Farbe haben wie ihr Vater. Und deshalb dasselbe Verhaltensrepertoire ausleben wie ihr Vater.

Nehmen wir mal an, dass in einer Paarungssaison die orangefarbenen Männchen sehr erfolgreich sind. In der Natur bedeutet erfolgreich natürlich, dass sie viele Nachkommen produziert haben. Im Schnitt ist die Hälfte davon männlich. Der Umstand, dass ihre Väter mit ihrer Strategie so erfolgreich waren, bringt es mit sich, dass ihre zahlreichen Söhne mit derselben Strategie nicht mehr so gewinnend sein können.

In der nächsten Paarungssaison werden die gelben Männchen nämlich in der Lage sein, den orangefarbenen Männchen das Wasser abzugraben und sich mit vielen Weibchen zu paaren und so scharenweise männliche Nachkommen ihrer Farbe in die Welt zu setzen.

Wenn diese in der nächsten Balzzeit geschlechtsmäßig aktiv werden, gibt es also sehr viele gelbe Männchen in freier Wildbahn. Insofern wird die Strategie der blauen Männchen sehr produktiv werden. Sie sind es, die dann die meisten männlichen Nachkommen zeugen werden.

Man sieht sofort, dass das genauso zu einer ringförmigen Abfolge bei den dominanten Strategien führt.

Um den Punkt ganz ins Trockene zu holen, übertragen wir noch in eine andere Sprache: Nehmen wir eine fiktive Gesellschaft, in der es viel Stein, aber wenig Papier und wenig Schere gibt. Die Einzigen, die dieses Setting zu ihrem Vorteil ausnutzen können, sind die Papiere. Denn die Steine brauchen Scheren, um für sich etwas Positives an Land zu ziehen. Aber von denen gibt's halt nur wenige und deshalb nur beschränkt Gelegenheit für die Steine, ordentlich was abzukassieren.

Dasselbe Problem haben die Scheren. Die brauchen massig Papier, um auf eine satte Punktausbeute zu kommen. Aber auch Papiere gibt's nicht viele, und insofern ist es schwer für die Scheren, auf einen saftigen grünen Zweig zu kommen.

Voll auf Erfolgskurs sind allein die Papiere. Sie brauchen zwar die Steine für eine gute Ausbeute. Doch die sind reichlich vorhanden.

Unter den genannten Umständen, um hier mal messerscharf dazwischenzubilanzieren, wird es für die Papiere relativ zu ihrer Anzahl am ersprießlichsten sein. Sie sind in der nächsten Runde zahlenmäßig stark vertreten. Von der nächsten Runde hin zur übernächsten geht es weiter, wie wir das mittlerweile schon kennen. Die Vorherrschaft wechselt. „Round and round she's turning me …"

Nach diesen gehäuft unrechnerischen Gedanken ist es so weit: Lasst uns *Schere-Stein-Papier* auch mal mathematisch unter die Lupe nehmen.

Erklär-Bär

Klar ist, es gibt immer entweder ein Unentschieden, oder ein Spieler gewinnt, und der andere verliert. Wenn wir jetzt annehmen, dass im Gewinnfall ein auf 1 normierter Erlös vom Verlierer auf den Gewinner übergeht, dann lassen sich die Payoffs der Spieler – nennen wir sie wieder Anne und Bert – für die möglichen Spielausgänge leicht in einer Tabelle erfassen.

Auch die Tabelle ist klar wie nur irgendwas. Falls nicht, wird sie es voll und ganz mit der Zusatzinfo, dass Anne die „Zeilenspielerin" ist und Bert der „Spaltenspieler" und die Einträge in der Tabelle die Gewinne von Anne angeben.

Anne/Bert	Stein	Schere	Papier
Stein	0	1	−1
Schere	−1	0	1
Papier	1	−1	0

Wie man sieht, ist die Anordnung der Einträge wunderbar symmetrisch, was sie wegen der Gleichung

$$\text{Gewinn des einen } = \text{ Verlust des anderen}$$

natürlich auch sein muss. Solche Spiele heißen bei den Profis der Spieltheorie *Nullsummenspiele*.

Ups, hier kommt auch schon ein Problem: Was sind die optimalen Strategien für Anne und Bert?

Was?

Okay: Der erste Schritt einer Problemlösung besteht darin, dass Problem zu verstehen. Sich einfach klar darüber zu werden, was man machen soll. Versuchen wir das als Erstes. Anne und Bert spielen also eine Serie von *Schere-Stein-Papier*-Spielen. Eins nach dem anderen, immer und immer wieder, sehr lange. Ständig neues Spiel, neues Glück nach jedem gerade gespielten Spiel. Wie sollen Anne und Bert ihre drei Symbole ziehen?

Um uns für diese Frage in Form zu bringen, fangen wir ganz beschaulich an. So leicht, leichter geht's nicht: Anne soll nur *Stein* spielen. Dazu überredet sie ihr Coach in der Coaching Zone. Stets und ständig immer nur *Stein*. Die ewige Wiederkehr des Gleichen. Er ist ein schlechter Coach, denn wir fühlen, das kann nicht gut sein. Aber nehmen wir trotzdem versuchsweise an, dauernd *Stein* sei ihre optimale Strategie.

Da Anne aber schlau ist, weiß sie auch, was Berts beste Antwort darauf ist: nämlich *Papier*. *Papier* immerzu. Wenn Anne das weiß, dann wird sie *Schere* spielen, denn das ist die optimale Strategie gegen einen fortwährenden *Papier*-Spieler. Und schon ist man logisch zwingend bei dem Ergebnis, dass die hypothetische Annahme von ständigem *Stein* als optimaler Strategie aus sich selbst heraus zur Schlussfolgerung von dauerhafter *Schere* als optimaler Strategie führt, was ein logischer Widerspruch ist.

Die reine *Stein*-Strategie kann deshalb nicht bestens sein.

Dieses kleine logische Geplänkel bestätigt, was wir ohnehin gefühlt und eigentlich sogar gewusst haben. Immer nur *Stein* ist schlecht. Dasselbe gilt für jede andere reine Strategie, die zu 100 % aus einem Symbol besteht.

Der Nachteil der reinen Strategien ist, dass sie vorhersehbar sind. Sowohl als Strategie als auch als Gegenstrategie. Wir müssen also nach optimalen Strategien unter den nicht vorhersehbaren Strategien suchen. Nichtvorhersehbarkeit verlangt, dass sie aus einer zufälligen Mischung von mindestens zwei Symbolen bestehen. Es gibt aber unter den Zufallsmischungen bessere und schlechtere. Klar.

Nehmen wir mal einen zufälligen Mix, der zu 50 % aus *Stein* und zu je 25 % aus *Schere* und *Papier* besteht. So soll Anne jetzt spielen. Als Gegenstrategie von Bert stellen wir die Zufallsmischung zusammen, die zu 50 % aus *Papier* und zu je 25 % aus *Stein* und *Schere* besteht.

Was wird passieren? Wer ist besser, wer ist schlechter dran?

Ist diese Frage ein happiges XXL-Problem?

Mal schauen.

Wir müssen die Payoffs berechnen. Na dann. Gedacht! Gemacht! Zur Berechnung des langfristigen Payoffs für Anne sind die Einträge in der obigen Anne-Bert-Tabelle mit den Wahrscheinlichkeiten zu gewichten, mit denen die entsprechenden Kombinationen auftreten. Für die Einträge 0 können wir uns das natürlich schenken. Die benötigten Wahrscheinlichkeiten ergeben sich wegen Unabhängigkeit der Spielweisen beider Spieler als einfache Produkte der Symbolwahrscheinlichkeiten:

$$P = \frac{1}{2} \cdot \frac{1}{4} \cdot 1 + \frac{1}{2} \cdot \frac{1}{2} \cdot (-1) + \frac{1}{4} \cdot \frac{1}{4} \cdot (-1)$$
$$+ \frac{1}{4} \cdot \frac{1}{2} \cdot 1 + \frac{1}{4} \cdot \frac{1}{4} \cdot 1 + \frac{1}{4} \cdot \frac{1}{4} \cdot (-1) = -\frac{1}{16}.$$

Das, was rauskommt, ist der langfristige Payoff von Anne. Der ist hier negativ. Auch für Anne selbst ist das negativ, denn das Vorzeichen signalisiert einen Vorteil für Bert. Berts Konterstrategie ist leicht besser. Im Nachhinein ist das kaum verwunderlich, da Bert auf das zu häufige Ausspielen von *Stein* durch Anne mit entsprechend häufigem Ausspielen von *Papier* reagiert. So geht es gut für Bert und schlecht für Anne aus.

Anne kann aber ihren Nachteil ausgleichen und sogar in eigenen Vorteil verwandeln, wenn sie auf Berts häufiges Ausspielen von *Papier* mit häufigerem Ausspielen von *Schere* reagierte, etwa im Mischungsverhältnis

$$Schere \;=\; 50\,\%, \;\; Stein \;=\; 25\,\%, \;\; Papier \;=\; 25\,\%.$$

Beim Aufeinandertreffen dieser Mischstrategien ist Annes Payoff nämlich

$$P = \frac{1}{2} \cdot \frac{1}{2} \cdot 1 + \frac{1}{2} \cdot \frac{1}{4}(-1) + \frac{1}{4} \cdot \frac{1}{4} \cdot 1 + \frac{1}{4} \cdot \frac{1}{4}(-1)$$
$$+ \frac{1}{4} \cdot \frac{1}{4} \cdot 1 + \frac{1}{4} \cdot \frac{1}{2} \cdot (-1) = \frac{1}{16}.$$

Hier angekommen, ist es leicht zu überlegen, wie das optimale Verhalten beider Spieler aussehen muss.

Wir haben nämlich gesehen: Wenn Anne bei ihrem Symbolmix ein bisschen zu oft *Stein* wählt, dann kann Bert sie langfristig abzocken, indem er ein bisschen öfter *Papier* zieht. Das führt zur Vermutung, dass die optimale Strategie von Anne darin besteht, alle drei Symbole mit derselben Wahrscheinlichkeit von 1/3 einzusetzen.

Weicht Anne nämlich mit ihren Wahrscheinlichkeiten in irgendeiner Richtung von diesem Gleichgewicht ab, dann wird sie angreifbar, und Bert kann ihr das Wasser abgraben, indem auch er von der Gleichgewichtslage abweicht. Wenn er aber abweicht, wird er selbst angreifbar, und Anne kann die Abweichung ausnutzen, indem sie gegenteilig abweicht, was wiederum Bert die Möglichkeit gibt, seinerseits Anne durch umgekehrtes Abweichen auszukontern.

Das bringt Anne letzten Endes immer wieder zurück zum ausgewogenen Gleichgewicht von 1/3 je Symbol und genauso Bert mit seiner Gegenstrategie. Für keinen der beiden ist es günstig, von dieser Balance abzuschweifen.

Mathe-Macher sprechen vom Nash-Gleichgewicht. Intelligente Spieler, die wissen, dass sie intelligent sind und dass der andere intelligent ist, und wissen, dass der andere das weiß und auch dass beide wissen, dass sie das wissen usw. werden intelligenterweise nicht systematisch vom Nash-Gleichgewicht abweichen. Das wäre ungut.

Einschub mit Wortmeldung vom Autor: Gut aber ist, wie der Erklär-Bär es uns wieder erklärt hat, gell?

Danke für die Lorbeeren. Ich war aber auch in bester Laberlaune. Klarerweise ist das, was ich gesagt habe, auch beweisbar. Dazu errechnet man den mittleren Payoff von, zum Beispiel, Anne in Abhängigkeit von ihren eigenen Symbolwahrscheinlichkeiten und denen von Bert. Dann bestimmt Anne für sich das Optimum dieser Funktion, legt also ihre Symbolwahrscheinlichkeiten so fest, dass ihr mittlerer Payoff maximal wird. Daraus ergibt sich eine Gleichung mit drei Unbekannten. Die kann Anne lösen.

Die Lösung hängt von den Symbolwahrscheinlichkeiten ihres Gegners ab. Maximiert Bert nun seinerseits seinen Payoff, indem er Annes optimale Payoff-Funktion minimiert, so ergibt sich aus diesem Nacheinander von Maximierung und Minimierung mathematisch für beide Seiten das Nash-Gleichgewicht. Bei diesem sind – wie wir vorher schon anders überlegt haben – alle sechs Symbolwahrscheinlichkeiten gleich ein Drittel.

7

Drei Türen, zwei Zwiebeln, ein Auto, no problem – oder doch?

Erzählt, dass es gut sein kann, eine Entscheidung zu ändern, obwohl man nichts Neues erfahren hat. Und wann diese Änderung die Erfolgschancen verdoppelt.

Wenn man Leute fragt, die sich auskennen, wer der größte Mathematiker des letzten Jahrhunderts war, dann nennen viele Paul Erdős. Dieser Mathe-Titan wurde 1913 geboren. Er war ein anerkanntes Genie und ein Arbeitstier. Schon mit drei Jahren fing er an, Mathematik zu machen. Da rechnete er seinen Eltern schon das Lebensalter in Sekunden aus. Als seine Mutter starb, schaukelte er sich zu 19-Stunden-Arbeitstagen hoch. Dafür putschte er sich mehr und mehr mit Wachmachern auf.

© Springer-Verlag Berlin Heidelberg 2016
C.H. Hesse, *Der SchnellerSchlauerMacher für Zufall und Statistik*,
DOI 10.1007/978-3-662-47120-3_7

Im letzten Drittel seines Lebens war er ohne feste Bleibe. Er brauchte keine. Er reiste von Freund zu Freund zu Konferenz zu Freund. In lockerer Folge. Rund um den Globus. Einige hielten bei sich zu Hause ein Erdős-Zimmer dauerhaft frei. Andere verwalteten seine Finanzen, achteten auf seine Gesundheit und sorgten für sein Wohlbefinden. So war an alles gedacht, und Paul Erdős hatte den Kopf frei. Für Mathematik.

Kaum überraschend, dass sich über diesen brillanten Mann und seine Marotten so manche Geschichte erzählen lässt. Zum Beispiel über seine Art, Englisch zu sprechen. Wie vieles, hatte er sich auch das selbst beigebracht, als kleiner Junge in seinem Heimatland Ungarn. Und zwar aus einem Buch. Dummerweise aus einem Buch, das keine Informationen über die Aussprache der Wörter enthielt.

Da er auch sonst niemanden kannte, der Englisch sprach oder ihm die richtige Sprechweise beibringen konnte, ging er die englischen Wörter so an, als wären es ungarische Wörter. Und im Ungarischen wird nun mal ein „c" wie „ts" ausgesprochen, ein „s" wie „sch", und ein stimmloses „e" gibt es nicht. Diese Aussprache führte zum legendären, aber ebenso auch legendär unverständlichen „Erdős-Englisch", in dem zum Beispiel die unschuldigen englischen Wörter „ice cubes" gesprochen wurden als „itseh tsubesch". Was ohne einen Haufen Fantasie kaum entschlüsselbar ist.

Eine verständliche englische Aussprache war also nicht sein Ding. Sein Ding war die Mathematik. Sie bedeutete Paul Erdős mehr als alles andere. Mehr als Frauen und Sex, mehr als Urlaub, Partys oder jede kulturelle Veranstaltung. Er hatte ein schlaues Köpfchen, dessen Hirnhemisphären am liebsten Wissen schafften. Mehr als 1000 schlaue Arbeiten hat er damit produziert. Keine Wirrwahrheiten, kein Wissensweltspam, alles handfeste, tiefschürfende Theoreme. Ziemlich knifflige Probleme hat er angepackt, drüber nachgedacht und geknackt. So manches ist dabei, an dem viele andere auch nicht unschlaue Leute vor ihm ihre Bleistifte zerbrochen und ihre Hirnwindungen verbogen hatten.

Doch mit dem folgenden *Drei-Türen-Problem*, auch *Ziegenproblem* genannt, hatte auch er seine Schwierigkeiten.

Und zwar lange, lange sehr viele Schwierigkeiten. Es gelang ihm erst spät, seine Hirnwindungen drum herum zu winden.

Aber wir wollen schrittweise vorgehen.

Hier ist erst mal das Drei-Türen-Problem: Ihr seid Kandidat in einer Quiz-Show und dürft eine von drei verschlossenen Türen auswählen. Hinter einer der Türen ist als wertvoller Preis ein Auto versteckt, hinter den beiden anderen Türen befindet sich jeweils eine Niete (eine Ziege, eine zerbeulte Zwiebel, ein zerzauster Zombie, jedenfalls irgendwas Uncooles mit Zett).

Nachdem ihr eine Tür gewählt habt, sagen wir Tür 1, öffnet der Quizmaster, der genau weiß, wo sich der Hauptgewinn befindet, immer eine Ziegentür, sagen wir Tür 3. Danach fragt er euch, ob ihr bei eurer ersten Wahl bleiben oder zu Tür 2 wechseln wollt. Ist es für euch besser zu wechseln, nicht zu wechseln, oder ist es eigentlich egal?

Das erfrischende an diesem Problem ist, dass die Leute meistens hitzig darüber diskutieren: über die richtige Strategie, über Wahrscheinlichkeiten, den Zufall und über optimale Entscheidungen bei Unsicherheit. Jedenfalls ist das meine Erfahrung, wann immer ich auf Partys (ja, auch manchmal da!) oder sonst wo davon erzählt habe.

Als man Erdős die richtige Lösung mitteilte, meinte er, das könnte unmöglich die richtige sein. Keine menschliche Begründung konnte ihn überzeugen, erst das wiederholte Durchspielen der Wirklichkeit mit einer Computersimulation schaffte das später. Also letztlich erst die Künstliche Intelligenz.

Habt ihr Lust, euch mit dem großen Paul Erdős zu messen? Möchtet Ihr zu Tür 2 wechseln? Würdet ihr nicht wechseln? Oder ist es euch egal?

Seid ihr schlauer als ein Genie? Könnt ihr eine mathematische Heldentat vollbringen? Für alle Gelegenheitsmathematiker ist das jedenfalls eine super Gelegenheit.

Übrigens, das Ziegenproblem ist nicht einfach nur so eine Wald-und-Wiesen-Knobelei. Es ist ein Paradoxon, das schon viele sonst lockere Leute ziemlich erregt hat. Es tauchte 1990 als Leseranfrage in der amerikanischen Zeitschrift *Parade* auf. Die wurde beantwortet von der Journalistin Marilyn vos Savant. Sie ist, nur nebenbei erwähnt, der Mensch mit dem höchsten je gemessenen Intelligenzquotienten. Und sie beantwortete die Leserfrage „Soll man wechseln oder nicht?" ganz sachlich und vollkommen richtig.

Soweit alles üblich und nichts Besonderes. Schon tausendmal passiert. Aber: Viele Leser hielten die gegebene Antwort von Marilyn vos Savant für falsch, darunter auch manche mit Uni-Abschlüssen und Doktortiteln in Mathematik, Physik oder anderen harten Wissenschaften.

Nicht wenige machten sich in sarkastischen Zuschriften lustig über die gegebene Antwort und mit ein paar Seitenhieben auch über die Journalistin. Einige, die sich für besonders schlau hielten, nahmen es als Gelegenheit, auch der höchsten IQ-lerin auf dem Planeten mal kräftig eins reinzuwürgen. Insgesamt erhielt Marilyn rund 10.000 (!) leidenschaftliche Leserbriefe. Die große Mehrheit davon war kritisch.

Etwas später schwappte das Rätsel über den Atlantik nach Deutschland und rief eine fast noch größere Welle von Reaktionen hervor, als es in *Zeit*- und *Spiegel*-Artikeln besprochen wurde.

Eine Religion wurde noch nicht aus der Frage gemacht, ob man wechseln soll oder nicht, doch gibt's Leute, die genauso intensiv an das eine oder andere glauben, und auch die dazugehörigen Glaubenskriege werden ausgefochten.

Ein paar eigene Erfahrungen kann ich auch beisteuern: Die meisten Menschen, mit denen ich über das Problem gesprochen habe, denken, es ist egal, ob man wechselt oder nicht. Auch die waren praktisch nicht zu überzeugen, denn diese Denke ist falsch.

Was aber ist die richtige?

Bevor ihr loslegt sage ich euch noch, nur damit dies angesprochen und abgeklärt ist, dass ihr tatsächlich das Auto gewinnen wollt. Das Auto ist der Hauptgewinn. Nicht die Ziegen. Und wir legen auch noch fest, dass der Moderator, wenn er die Wahl zwischen zwei Ziegentüren hat, er rein zufällig eine der beiden öffnet. Das war an gedanklicher Vorbereitung jetzt ziemlich gründlich und macht die Sachlage sonnenklar. Und klipp und klar kann man jetzt sagen: Ein Türwechsel verdoppelt tatsächlich die Gewinnchance.

Wechseln ist also angesagt. Das ist die richtige Antwort. Isso, Ihr könnt mir das glauben. Und tut's hoffentlich auch. Ja, auch ihr, die ihr jetzt denkt, der Hesse spinnt wohl. Ich will dieses Statement aber nicht einfach so stehen lassen. Es sollte, kann und wird bewiesen werden.

Allein wie?

Zum Glück gibt es einen ganzen Strauß verschiedener Möglichkeiten, das anzupacken. Man kann Fallunterscheidungen machen, Baumdiagramme zeichnen, Theoreme der Wahrscheinlichkeitstheorie aus der Schublade ziehen.

Aber wirklich einfach wird die Begründung dann leider nicht. Denn man braucht Hilfsmittel dafür. Wie zum Beispiel die Pfadregeln für Baumdiagramme. Oder den Satz von Thomas Bayes, den man kennen und verstehen muss. Ich müsste euch dann erst mal von diesem Satz erzählen und euch überzeugen. Da habe ich aber momentan keine große Lust drauf.

Außerdem bin ich überzeugt, dass die einfachste Möglichkeit ganz bodenständig ist und ohne irgendwelches Tuning funktioniert.

Es ist nämlich dieser Ansatz: sich einfach ganz banal zu überlegen, wann die beiden gegensätzlichen Strategien einem das Auto einbringen:

Erster Fall: Wenn ich *nicht* wechsle, gewinne ich das Auto dann und nur dann, wenn ich mit meiner ersten und einzigen Wahl die Tür mit dem Auto getroffen habe. Das ist geschenkt, oder? Kann man so stehen lassen. Und jetzt in einem Rutsch: Weil es eben nur ein Auto gibt, aber drei Türen, und das Auto mit gleicher Wahrscheinlichkeit hinter jeder der drei Türen stehen kann, ist die Gewinnwahrscheinlichkeit 1 : 3 = 1/3 bei dieser Nichtwechsel-Strategie. Das ist genauso geschenkt, oder? Okay, damit wäre dieser Fall gebongt. Und das ist schon die halbe Miete.

Zweiter Fall: Wenn ich *doch* wechsle, gewinne ich das Auto dann und immer dann, wenn ich bei meiner ersten Wahl eine der Ziegentüren erwischt habe. Richtig? Denn dann ist der Moderator gezwungen, die andere Ziegentür zu öffnen und mein Türwechsel bringt mich ebenso zwingend direkt zur Autotür. Geht gar nicht anders. Weil es aber zwei Ziegentüren gibt, ist jetzt die Wahrscheinlichkeit für das Auto

$2 : 3 = 2/3$. Auch gebongt. Und das ist die ganze Miete. Damit sind wir fertig.

Ende dieser Durchsage.

War das machbar, Herr Nachbar? Eigentlich schon, oder? Wenn man das Rätsel so anpackt!

Lohnend ist deshalb auch die Frage, warum so viele Menschen irrtümlich meinen, die beiden am Ende noch geschlossenen Türen hätten dieselbe Gewinnchance von $1/2$. Schulpsychologen, die sich mit der geistigen Entwicklung des Menschen auskennen, haben festgestellt, dass Kinder Wahrscheinlichkeiten zuerst gefühlsmäßig so verinnerlichen. Sie gehen mit ihnen um nach dem Prinzip: Wie viele Fälle gibt es (hier zum Beispiel zwei Türen), und wie viele Möglichkeiten davon führen zu einem bestimmten Ereignis, hier zum Beispiel zum Hauptgewinn? Das ist einer von zwei verbleibenden Fällen. Chance also $1/2$.

Viele Menschen behalten diese Intuition ihr ganzes Leben. Sie funktioniert eins a, wenn alle möglichen Fälle gleichwahrscheinlich sind. Beim Würfeln mit einem Würfel ist das zum Beispiel so. Jede Augenzahl hat dieselbe Wahrscheinlichkeit von 1/6.

Aber beim Würfeln mit zwei Würfeln ist das schon nicht mehr astrein. Dann jedenfalls nicht, wenn's um die Augensumme geht. Es gibt die elf möglichen Augensummen 2, 3, 4, 5, 6, 7, 8, 9, 10, 11, 12.

Aber diese elf Möglichkeiten sind nicht gleich wahrscheinlich. Keine einzige davon hat die Wahrscheinlichkeit 1/11. Etwa die Augensumme 2: Sie ergibt sich nur dann, wenn beide Würfel jeweils eine 1 zeigen. Die Wahrscheinlichkeit dafür ist für jeden Würfel 1/6. Also ist die Gesamtwahrscheinlichkeit für die Summe 2 gleich $1/6 \cdot 1/6 = 1/36$.

Auch beim Drei-Türen-Problem besteht nur am Anfang die Gleichwahrscheinlichkeit, dass jede der drei Türen die Autotür sein kann. Wenn ihr allerdings Tür 1 gewählt habt und vom Moderator Tür 3 geöffnet wurde, dann geht diese Gleichwahrscheinlichkeit den Bach runter.

Ist ja auch irgendwie logisch. Und offensichtlich. Denn die geöffnete Ziegentür 3 hat jetzt natürlich eine Wahrscheinlichkeit 0, die Autotür zu sein. Die gesamte Gewinnwahrscheinlichkeit von 2/3, die *vor* dem Öffnen von Tür 3 durch den Moderator für Tür 2 und 3 bestand, wandert *nach* dem Öffnen von Tür 3 zu der verschlossenen Tür 2.

Menschliche Gehirne sind von der Evolution für das Handling von Wahrscheinlichkeiten nicht optimal ausgerüstet worden. In keinem anderen Teilgebiet machen selbst Experten leichter, schneller und öfter mal gröbere Fehler als beim Umgang mit Wahrscheinlichkeiten. Daraus kann man den Schluss ziehen, dass die Mathematik der Wahrscheinlichkeiten noch einen Tick diffiziler ist als die Mathematik aller anderen mathematischen Teilgebiete.

Mit diesem markigen Satz könnte man hier aufhören. Nicht wir!

Denn es gibt noch Faszinierendes zu berichten, wenn man andere Lesewesen mit dem Drei-Türen-Problem konfrontiert. Tauben zum Beispiel. Ja, im Ernst! Und warum auch nicht?

Die haben zwar kein großes Interesse an Ziegen und noch weniger Interesse an Autos, doch wenn man ihnen das Problem taubengerecht schmackhaft macht, dann stellt man fest, dass sie mehrheitlich besser damit umgehen können als Studenten.

Es gibt eine Studie dazu. Ich beschreibe euch kurz den Versuchsaufbau. Wissenschaftler hatten eine Maschine mit drei Lämpchen konstruiert. Wenn die Lämpchen weiß aufleuchteten, bedeutete dies, dass die davor stehende Taube eine Wahl treffen musste, wobei eine Option die richtige war. Dafür bekam die Taube ein paar Krümel Futter.

Die Tauben waren darauf trainiert, durch Picken auf ein Lämpchen eine Wahl zu treffen. Und sie taten das dann zufällig. Hatten sie durch Picken eine Wahl getroffen, ging eines der anderen Lämpchen aus, was signalisierte, dass es eine falsche Option war. Die beiden übrig bleibenden Lämpchen leuchteten anschließend grün auf. Die Taube erhielt das Leckerli, wenn sie bei abermaligem Picken die richtige Option traf.

Die Tauben lernten von sich aus, dass es günstig war, von ihrer ersten Wahl abzuweichen, also die Wechselstrategie einzusetzen. Nach Experimenten über mehrere Tage taten sie das schließlich in mehr als 95 % der Fälle. Eine Kontrollgruppe von zwölf Studenten schaffte es in der Mehrzahl dagegen nicht – selbst nach 200 Experimentierrunden nicht –, die beste Strategie zu erlernen.

Das gibt einem doch irgendwie zu denken. Aber so soll es ja auch sein in diesem Mitdenkbuch.

Und deshalb gibt's davon auch noch etwas mehr. Mehr vom Erklär-Bär.

Erklär-Bär

Für alle, die Spaß am Drei-Türen-Problem haben, ist hier noch eine kleine Zugabe. Das meiste bleibt gleich, aber an einer Stelle geht es etwas anders zu. Hier ist nochmals alles:

Hinter einer von drei verschlossenen Türen ist ein Auto, hinter den beiden übrigen jeweils eine Ziege. Ihr zeigt auf eine Tür, sagen wir Tür 1. Der Moderator rutscht aus und öffnet dabei mit gleicher Wahrscheinlichkeit eine von den anderen beiden Türen, die zufällig eine Ziegentür ist. Ihr könnt wieder bei eurer Wahl bleiben oder zur zweiten ungeöffneten Tür wechseln.

Ist es besser zu wechseln, nicht zu wechseln, oder ist es egal?

Habt ihr schon Lust, darüber zu sprechen, oder wollt ihr erst mal selbst darüber nachdenken? Wenn ihr die Lösung lesen wollt, sie kommt jetzt.

Das Problem hat einen etwas anderen Dreh als das erste, weil der Moderator beim Ausrutschen durch Zufall auch die Tür mit dem Auto geöffnet haben könnte. Das ist zwar nicht passiert, aber allein schon die Möglichkeit ändert die Gewinnchancen fürs Wechseln und Nichtwechseln.

Beim Originalproblem verdoppelt man seine Gewinnchance durch Wechseln von 1/3 auf 2/3. Beim Problem mit Ausrutschen sind die Gewinnchancen beim Wechseln oder Nichtwechseln jeweils $1/2$.

Ausgehend davon, dass ihr Tür 1 gewählt habt, gibt es nämlich vier Fälle, die man gedanklich abchecken muss:

a. Auto ist hinter Tür 1, und Tür 2 wird geöffnet.

b. Auto ist hinter Tür 1, und Tür 3 wird geöffnet.

c. Auto ist hinter Tür 2, und Tür 3 wird geöffnet.

d. Auto ist hinter Tür 3, und Tür 2 wird geöffnet.

Wegen der Art und Weise, wie es zum Öffnen der Tür kommt, sind alle diese Fälle gleich wahrscheinlich: Weil das Auto mit Wahrscheinlichkeit 1/3 hinter Tür 1 ist, und der Moderator in diesem Fall mit Wahrscheinlichkeit $1/2$ Tür 2 öffnet, tritt Fall a mit Wahrscheinlichkeit 1/6 ein. Genauso Fall b.

Und selbst für c (bzw. d) gilt diese Wahrscheinlichkeit, da dann der Moderator Tür 3 (bzw. Tür 2) auch wieder nur mit Wahrscheinlichkeit $1/2$ öffnet. In der ursprünglichen Problemvariante öffnete er dann zwingend Tür 3 (bzw. Tür 2), also mit einer Wahrscheinlichkeit von 1. Genau an dieser Stelle findet sich der entscheidende Unterschied zwischen dem Originalproblem und der Ausrutschvariante.

Jetzt sind wir auch hier bereit für die Schluss-Schlussfolgerung: In zwei der vier Fälle gewinnt ihr beim Wechseln und in den anderen beiden Fällen beim Nichtwechseln. Es so oder so zu machen, ist also egal.

Das ist die Lösung. Die richtige.

Man kann den Ablauf natürlich auch mit einem Computer simulieren, das heißt die Wirklichkeit wiederholt durchspielen. Man kann diese Durchläufe sogar im Kopf als Gedankenexperiment ablaufen lassen.

Im Originalproblem zeigt ihr bei 300-maligem Durchspielen im Schnitt 100-mal auf eine Autotür und 200-mal auf eine Ziegentür. Wenn ihr nicht wechselt, gewinnt ihr also 100-mal und verliert 200-mal. Wenn ihr wechselt, ist es logischerweise umgekehrt. So hatte Marilyn vos Savant ihre richtige Lösung unters Volk gebracht. Mit eurer Hilfe, also der Hilfe der Leser: Sie hatte dazu aufgerufen, das Problem im Mathematikunterricht an Schulen durchzuspielen. In Tausenden von Klassenzimmern wurde das gemacht und die richtige Lösung bestätigt. Ihre krassen Kritiker wurden ziemlich kleinlaut.

Bei der Ausrutschversion sieht das Gedankenspiel etwas anders aus: Im Schnitt in 100 von 300 Durchläufen zeigt ihr zufällig auf die Autotür und 200-mal auf eine Ziegentür. In den 100 Durchläufen, in denen ihr auf das Auto zeigt, ändert sich gegenüber der klassischen Version nichts: Ihr gewinnt beim Nichtwechseln.

Bei den anderen 200 Durchläufen, in denen ihr auf eine Ziegentür zeigt, wird 100-mal vom Moderator die andere Ziegentür geöffnet. Dann gewinnt ihr beim Wechseln. Und in den übrigen 100 Durchläufen rutscht der Moderator gegen die Autotür. Diese Fälle müssen in der Endabrechnung gestrichen werden, da sie nicht eingetreten sind.

Also ergibt die Buchhaltung folgendes Saldo der 300 Durchläufe: Ihr gewinnt im Schnitt 100-mal, wenn ihr wechselt, und ebenfalls 100-mal, wenn ihr nicht wechselt. Und 100 Durchläufe sind ungültig, weil nach Problemstellung nicht eingetreten. Wechseln und Nichtwechseln haben damit dieselbe Gewinnchance.

Das ist so weit die Lösung.

Und für alle immer noch nicht Ermatteten kommt schlussletztendlich (ja, definitiv!) noch eine Anwendung des Drei-Türen-Paradoxons im Alltag. Ich nenne es das Drei-Freunde-Paradoxon.

Angenommen, eine Schülerin kennt drei Jungs, die mit ihr gehen wollen. Sie entscheidet sich für einen davon. Kurz danach stößt sie in der *Bravo* auf einen Artikel, in dem steht, dass im Schnitt nur einer von drei Jungs ein guter Freund (oder was ihr wollt: Kamerad, Lover, Hausaufgaben-für-einen-Macher usw.) ist. Die beste Freundin der Schülerin, die seit Kurzem einen der beiden verschmähten Verehrer zum Freund hat, sagt der Schülerin, dass das eine Fehlentscheidung war, da dieser kein guter Freund sei. Darauf trennt sich die Schülerin kurzerhand von ihrem Freund und geht mit dem dritten Verehrer.

Okay, okay! Bevor es einen Shitstorm gegen mich gibt: Es war nicht ganz ernst gemeint.

Ganz ernst gemeint geht es aber wieder weiter. Nach dem Sprung über die nächste Überschrift hinweg.

8

...doch einige Ziffern sind gleicher

**Beschreibt, dass, wie und warum unser Universum kleine Ziffern bevorzugt.
Und wie man mit diesem Wissen Wahlbetrüger enttarnen, Steuersünder überführen und seinen Lieblingsfeind austricksen kann.**

Was gerade los ist: Mathe-Unterricht in der Klasse von K-Tharina. Es ist die letzte Stunde vor den Ferien und der Lehrer driftet ein bisschen ins Philosophische ab.

„Es gibt mehr kleine Dinge als große in der Welt. Und auch in der Welt der Zahlen ist das so. Unser Kosmos hat eine ungeschminkte Vorliebe für kleine Zahlen. Damit meine ich Zahlen mit kleinen Anfangsziffern.“

So sprach der Lehrer und ich will euch jetzt erklären, was er damit meinte. Dafür brauche ich die wissenschaftliche Zahlenschreibweise. Die geht so: Alle Zahlen groß und klein

© Springer-Verlag Berlin Heidelberg 2016
C.H. Hesse, *Der SchnellerSchlauerMacher für Zufall und Statistik*,
DOI 10.1007/978-3-662-47120-3_8

kann man schreiben als

$$M \cdot 10^k.$$

Die Zahl M wird zuerst gewählt. Nämlich derart, dass sie mindestens 1, aber kleiner als 10 ist. Die Hochzahl k wird dann eine dazu passende ganze Zahl. Das haut immer hin. Auf nur eine Weise. Man muss nur die richtigen Werte für k und M finden. Mit ein bisschen Training ist das leicht.

Gehen wir nun in die Coaching Zone.

Bei der Zahl 634 ist zum Beispiel $M = 6{,}34$ und $k = 2$. Bei 0,00634 kriegen wir dasselbe M, aber jetzt ist $k = -3$. Bei 634.000 muss $k = 5$ gewählt werden.

Alles prima, klar und senkrecht?

So weit!

Dann kann's weitergehen.

Mit einem neuen Wort. Im Mathematiker-Schnack heißt M die *Mantisse*. Mantissen leben wie gesagt im Zahlbereich von 1 bis 10. Nehmen wir mal an, wir könnten alle Zahlen dieser Welt, also Längen von Flüssen, Höhen von Bergen, Zeichenzahlen von Texten, Werte von physikalischen Konstanten und so weiter, sammeln und nach der Größe der Mantisse sortieren. Dann denkt man, dass große, kleine und mittlere Mantissen ungefähr mit gleichen Anteilen vertreten sind.

Stimmt aber nicht.

Denn etwas total Unerwartetes tritt auf, etwas selten Seltsames.

Das Seltsame ist, dass in unserer Welt viel mehr Zahlen auftreten, deren Mantisse kleiner als 4 ist, als solche mit Mantissen größer als 4.

Komisch, oder?

Zahlen mit kleinen Mantissen sind wahrscheinlicher als Zahlen mit großen Mantissen.

Ja, das ist komisch. Und noch komischer: Es ist nämlich nicht nur ein bisschen unfair für die großen Mantissen, das Gleichgewicht ist ziemlich krass zugunsten der kleinen Mantissen verschoben. Es bedeutet, dass Zahlen mit kleinen Anfangsziffern sehr viel häufiger vorkommen als solche mit großen Anfangsziffern. Wenn ich eine große Mantisse wäre, käme ich mir benachteiligt vor. Und würde die Gleichstellungsbeauftragte einschalten.

Der (oder Die), der (oder die) den Kosmos konzipiert und fabriziert hat, hatte jedenfalls eine starke Schwäche für kleine Ziffern.

Das Bild ist ja schön und gut. Aber wie sieht's da oben genauer aus? Wenn es so ist, wie ich es mir im Traum vorstelle, dann ist es ungefähr so, wie es diese Geschichte erzählt: Zwei attraktive junge Hipster und ein alter Mathematiker, der allen Klischees gerecht wird, sterben bei einem Unfall. Alle drei kommen in den Himmel. Petrus empfängt sie und gibt ihnen eine kurze Einweisung: „Gott hat einen Fimmel für Zahlen mit kleinen Anfangsziffern und mag die mit großen eigentlich gar nicht. Es gibt bei uns nur eine einzige Regel. Wenn ihr Zahlen benutzt in Wort, Schrift und Bild, dann nur solche mit 1, 2, 3 oder 4 am Anfang. Wenn ihr eine mit einer 8 oder 9 vorn gebraucht, gibt's Ärger und eine richtige Strafe. Da versteht der Alte keinen Spaß. Habt ihr das geschnallt?"

Die drei nicken und gehen durchs Himmelstor hinein.

Tatsächlich, der ganze Himmel ist voll von Zeug mit kleinen Mantissen. Die Heiligen 3 Könige, 4 Jahreszeiten, die 10 Gebote, die 12 Apostel, die Fantastischen 4, die 5 Olympischen Ringe, die 16 Bundesländer, das Kartenspiel 17 + 4, die 10 kleinen Negerlein (aber das Wort sagt man ja eigentlich nicht mehr).

Gott scheint kleine Zahlen wirklich zu lieben. Es ist fast unmöglich, im Himmel nicht mit ihnen in Berührung zu kommen. Die drei gehen ihrer Wege, verabreden aber, sich wiederzutreffen, um ihre Erfahrungen auszutauschen.

Beim ersten Treffen hat einer der jungen Männer eine hässliche, keifende Frau an seiner Seite. „Was ist dir denn passiert?", fragen die anderen. „Hab heimlich *In 80 Tagen um die Welt* von Jules Verne gelesen."

Zum nächsten Treffen kommt auch der zweite junge Bursche mit einer garstigen, zickigen Frau an der Backe. Der alte Mathe-Mann sieht ihn fragend an: „Auch was mit 'ner großen Zahl?" Der Junge nickt: „Hatte alle 9 beim Bowling."

Einige Wochen später trifft man sich wieder. Diesmal kommt auch der Mathematiker mit einer Frau: Aber es ist eine wunderschöne, liebenswürdige, charmante Person. Ein reizvoll-rasantes Mega-Model, das selbst Cindy Crawford verblassen lässt. Die anderen sind baff und fragen verwundert, was passiert ist. „Hab dieses blöde Lied mit den 99 Luftballons gesummt", sagt das Model.

Nachdem ich euch das alles erzählt habe, denkt ihr jetzt vielleicht, ich spinne ein bisschen. Das mit der größeren Häufigkeit der kleineren Mantissen ist das im Ernst denn wirklich wahr?

Hell, yes! Das ist es!

Die Zahlen haben untereinander ein richtiges Zahlenleben. Manche sind Hauptdarsteller, haben viele Einsätze, andere treten nur selten mal auf. Wie beim Theater halt. Dabei ist der Cast immer derselbe und besteht aus den neun verschiedenen Ziffern. Nur eine kann Anfangsziffer und damit Hauptdarstellerin sein. Man könnte denken, jede darf mal ran und langfristig gesehen alle gleich oft. Doch der große Regisseur hat eine Schwäche für die kleinen Ziffern in der Crew. Je kleiner, desto feiner. Die großen sind gearscht.

Wer trotzdem noch skeptisch ist, kann das auch selbst ausprobieren, indem er eine beliebige Zeitung nimmt, eine beliebige Seite aufschlägt und die Anfangsziffern aller im Text auftretenden Zahlen oder Zahlwörter aufschreibt. Die mit den kleinen Anfangsziffern 1, 2 und 3 sind in der Überzahl. Garantiert!

Das mit der Zeitung ist nur ein Beispiel. Dasselbe hat man bei fast jedem Zahlengewimmel. Die Anfangsziffern im Zahlengetümmel vieler Datensätze – ob Einwohnerzahlen von Städten oder Konstanten in der Natur, von Geldbeträgen auf Rechnungen bis hin zu beliebig zusammengemischten Daten in Zeitschriften – folgen der sogenannten *Benford-Verteilung*. Abbildung 8.1 zeigt uns diese.

Mit Gleichbehandlung aller Ziffern hat das nichts zu tun. Davon ist die Benford-Verteilung meilenweit entfernt. Abbildung 8.1 kann man entnehmen, dass die relative Häufigkeit der Anfangsziffer 1 (also 0,301 oder 30,1 %) mehr als

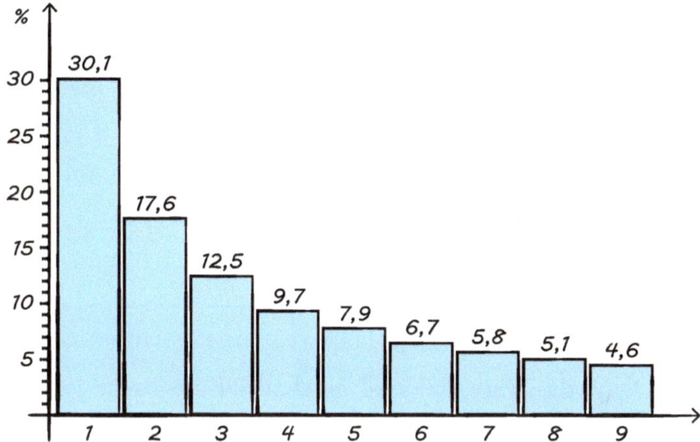

Abb. 8.1 Die Benford-Verteilung der Anfangsziffern

sechsmal größer ist als die der Anfangsziffer 9 (also 0,046 oder 4,6 %).

Für viele kommt das sehr überraschend. Man sieht nicht ein, warum die Macher aller Zahlen als Ganzes eine Vorliebe für 1362 gegenüber 9362 haben sollten. Und trotzdem ist es so: Eine Google-Zählung bestätigt euch das sofort. Wir nehmen den Zahlenblock 362 und stellen erst eine 1 an den Anfang, dann eine 2 usw. bis zur 9. Dann Zählen wir mit einer Suchmaschine, wie oft 1362 und 2362 usw. bis 9362 im Internet auftreten.

Tabelle 8.1 zeigt eine fulminante Übereinstimmung zwischen Theorie und Praxis.

Den Zahlenzoo hat Benford also voll im Griff.

Tab. 8.1 Einträge laut Google-Zählung vom 20. Dezember 2014

Zahl	1362	2362	3362	4362	5362	6362	7362	8362	9362
Google-Zählung (in Millionen)	86,1	51,6	35,9	26,6	23,8	24,4	18,2	18,4	17,1
Anteil (in Prozent)	28,5	17,1	11,9	8,8	7,9	8,1	6,0	6,1	5,7
Benford-Anteil (in Prozent)	30,1	17,6	12,5	9,7	7,9	6,7	5,8	5,1	4,6

Okay, das wäre erst mal geschafft. Eine Pause ist jetzt verdient. Machen wir ein Bio-Break. Für die einen eine Pinkelpause. Für die anderen kommt etwas Tierisches:

Eine Frage ist noch offen: Wie entsteht diese komische Verteilung bei den Zahlen überhaupt?

Gehen wir auf die Suche nach einer Begründung. Warum ist die Verteilung der Anfangsziffern so ungleichmäßig?

Eines ist schon mal klar: Wenn es ein globales Verteilungsgesetz der Anfangsziffern gibt, dann kann es nicht davon abhängen, in welchen Einheiten die Zahlen angegeben werden. Es muss gelten, egal ob Temperaturen in Celsius oder Fahrenheit angegeben werden, Entfernungen in Kilometer oder Meilen, Geldbeträge in Euro oder Dollar. Denn diese Einheiten sind ziemlich wahllos festgelegt worden. Das globale Gesetz muss auf jeder infrage kommenden Mess-Skala gelten, also universell sein. Mathematiker nennen diese Eigenschaft *Skaleninvarianz*.

Was bringt Skaleninvarianz mit sich?

Es ist eine Eigenschaft, die viele Auswirkungen hat. Wird von einer Einheit zu einer anderen gewechselt, bedeutet das meistens, dass der Zahlenwert mit einem positiven Faktor multipliziert wird. Das ist dann der Umrechnungsfaktor.

Will man zum Beispiel Meilen in Kilometer umrechnen, dann muss man die Zahl der Meilen, sagen wir mal 12, mit dem Umrechnungsfaktor 1,609 multiplizieren und erhält 19,31 Kilometer.

Da unsere Einheiten aber ganz willkürlich festgelegt sind und deshalb die Umrechnungsfaktoren im Prinzip irgendwelche beliebigen, positiven Zahlen sein könnten, kann Skaleninvarianz nur bedeuten: Das universelle Verteilungsgesetz für die Anfangsziffer ändert sich nicht, wenn alle möglichen Werte der Größe mit einer beliebigen positiven Zahl R multipliziert werden.

Nennen wir die Größe einfach Z, damit wir sie in irgendeiner Weise benamst haben. Da die Anfangsziffer von $Z = M \cdot 10^n$ dieselbe ist wie die Anfangsziffer der Mantisse M, bedeutet Skaleninvarianz, dass M und $M \cdot R$ bezüglich der Anfangsziffer dasselbe Verteilungsgesetz haben. Wenn man den Zehnerlogarithmus nimmt, bedeutet das: $\log_{10} M$ und $\log_{10} M \cdot R$ haben jeweils dieselben Wahrscheinlichkeiten für die neun möglichen Anfangsziffern. Diese gemeinsame Wahrscheinlichkeit kann natürlich von Ziffer zu Ziffer eine andere sein.

Jetzt sind wir fast da, wo wir hin wollen. Schreiben wir auch noch den Umrechnungsfaktor R in der wissenschaftlichen Schreibweise als $R = r \cdot 10^k$ und bedenken die Gleichung $\log_{10} M \cdot R = \log_{10} M + \log_{10} R$.

„Wat säht uns dat?", wie man in Köln sagt.

Ganz einfach dies: Die beiden Größen $\log_{10} M$ und $\log_{10} M + \log_{10} R$ haben dasselbe Verteilungsgesetz.

Skaleninvarianz von M bei den Zehnerlogarithmen verlangt demnach, dass die Addition mit einer beliebigen Konstante das Verteilungsgesetz der Anfangsziffer gar nicht verändert. Das ist eine sehr starke Einschränkung für die überhaupt infrage kommenden Verteilungsgesetze. Und das ist noch untertrieben.

Nur überhaupt eine einzige Verteilung hat diese Eigenschaft. Nur eine kann da noch mithalten. Unter allen unendlich vielen Verteilungen kann nur die Gleichverteilung dies von sich behaupten. Wenn eine Größe über einem Intervall gleich verteilt ist, bedeutet es, dass ihre möglichen Werte gleichmäßig über dem Intervall ausgebreitet sind.

Wenn die Größe über dem Intervall von 0 bis 1 oder überhaupt irgendeinem Intervall der Länge 1 gleich verteilt ist, dann ist die Wahrscheinlichkeit, dass die Größe einen Wert im Teilintervall von a bis b annimmt, gleich $b - a$.

Wer von uns jetzt erst mal wieder eine Pause braucht, kann sie gerne haben.

Nach diesem längeren Gedankenstrich, der zum Sackenlassen auch noch länger hätte sein können, wollen wir rekapitulieren, wo wir vor einigen Denkschritten gestartet sind. Es war an diesem Punkt: Die Anfangsziffern von M und $M \cdot R = M \cdot r \cdot 10^k$ haben dieselbe Verteilung. Aus dieser Vorgabe sollen ein paar Schlüsse gezogen werden. Nämlich schließlich der, welche Verteilung dann dafür infrage kommt.

Erst mal wird aber diese Tatsache festgehalten: Die Anfangsziffer von $M \cdot R$ ist dieselbe wie die Anfangsziffer von $M \cdot r$. Das macht es leichter, denn das zweite Produkt variiert zwischen r und $10 \cdot r$ für eine fest gegebene Zahl r aus dem Intervall von 1 bis 10.

Wegen der Vorgabe ist zum Beispiel die Wahrscheinlichkeit für $M \in [1, 2)$, dass also M als Anfangsziffer eine 1 hat, genau gleich der Wahrscheinlichkeit, dass auch $M \cdot r$ die Anfangsziffer 1 hat, also $M \cdot r \in [1, 2) \cup [10, 20)$ ist. Auf die Zehnerlogarithmen runtergebrochen bedeutet dies: Die Wahrscheinlichkeit für $\log_{10} M \in \left[\log_{10} 1, \log_{10} 2 \right)$ ist

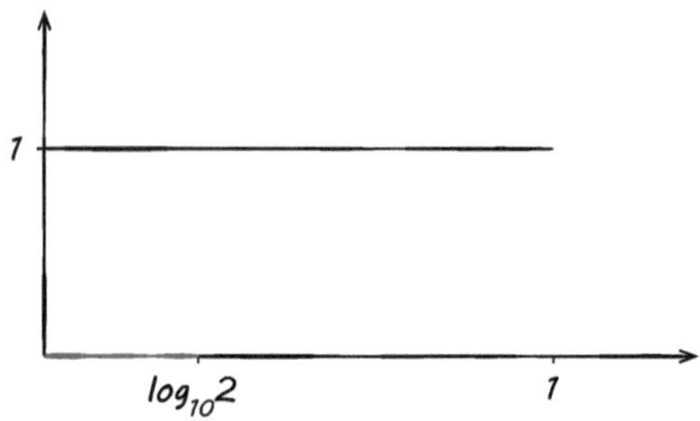

Abb. 8.2   Gleichverteilung über dem Intervall (0, 1]

gleich der Wahrscheinlichkeit für

$$\log_{10} M \cdot r = \log_{10} M + \log_{10} r$$
$$\in [\log_{10} 1, \log_{10} 2)$$
$$\cup [1 + \log_{10} 1, 1 + \log_{10} 2).$$

Die Größe M variiert von 1 bis 10 und ihr Zehnerlogarithmus entsprechend von 0 bis 1.

Die einzige Verteilung für M mit obiger Eigenschaft ist die Gleichverteilung. Skaleninvarianz erfordert deshalb von der Mantisse M, dass ihr Logarithmus $\log_{10} M$ gleichverteilt ist über dem Intervall von 0 bis 1. Dann ist nämlich die Wahrscheinlichkeit, dass $\log_{10} M$ im Teilintervall von a bis b liegt, einfach gleich der Länge $b-a$ des Teilintervalls. Und die Wahrscheinlichkeit, dass die Größe Z die Anfangsziffer 1 hat, ist deshalb genau $\log_{10} 2 - \log_{10} 1$. Das kann man leicht Abb. 8.2 entnehmen.

Die Verteilung von $\log_{10} M \cdot r$ ist dann eine um den Wert $\log_{10} r$, also um eine zwischen 0 und 1 liegende Zahl, nach rechts verschobene Gleichverteilung (Abb. 8.3).

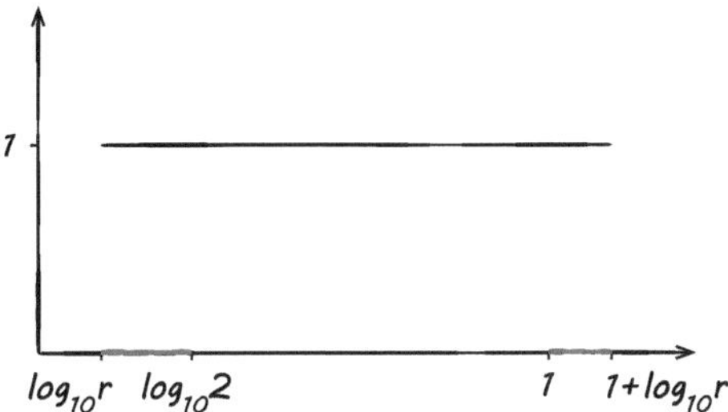

Abb. 8.3 Gleichverteilung um $\log_{10} r$ nach rechts verschoben. Markiert: der Zahlbereich mit Anfangsziffer 1

Bei dieser und nur bei dieser Verteilung für $\log_{10} M$ bzw. der Resultierenden für $\log_{10} M \cdot r$, sind dann die Wahrscheinlichkeiten, dass M und $M \cdot r$ die Anfangsziffer 1 haben, gleich. Bei $M \cdot r$ ist dabei wie gesehen die kleine Feinheit zu bedenken, dass es dafür eventuell zwei mögliche Fälle gibt.

Fassen wir den erreichten Zwischenstand zusammen: Skaleninvarianz bedeutet, dass die Zehnerlogarithmen der Zahlenmantissen gleichmäßig über dem Intervall von 0 bis 1 variieren.

Wir sind noch nicht bei der Benford-Verteilung angekommen. Aber vom erreichten Zwischenstand aus ist es nicht mehr weit. Sie kommt in Sicht, wenn man von hier in diese Richtung guckt: Die Gleichverteilung bei den Logarithmen der Mantissen führt nämlich zur Ungleichverteilung bei den Anfangsziffern selbst. Und zwar genau nach dem Muster, wie es die Benford-Verteilung anzeigt: Für die Anfangsziffer 1 haben wir oben die Wahrscheinlichkeit $\log_{10} 2 - \log_{10} 1 = \log_{10} 2$ errechnet. Für die Anfangsziffer

d ergibt sich ganz genauso die Differenz der Zehnerlogarithmen:

$$\log_{10}(d+1) - \log_{10} d.$$

„Is klar diese Worte? Is möglich versteh'?", würde Trainer Trapatoni vielleicht an dieser Stelle sagen.

Vielleicht ist noch nicht alles klipp und klar. Nehmen wir einen zweiten Anlauf und lassen jemand anderes das mal machen:

Mehr vom Erklär-Bär.

Erklär-Bär

Nennen wir dazu eine beliebig ausgewählte Zahl von der beliebigen Zeitungsseite zur Abkürzung X. Wir stellen uns X vor als aus einer beliebigen Zufallsverteilung gezogen. Abbildung 8.4 zeigt eine mögliche Wahrscheinlichkeitsdichte vom Zehnerlogarithmus von X, also von $\log_{10}(X)$, plus ein paar grüne Streifen, zu denen ich gleich komme.

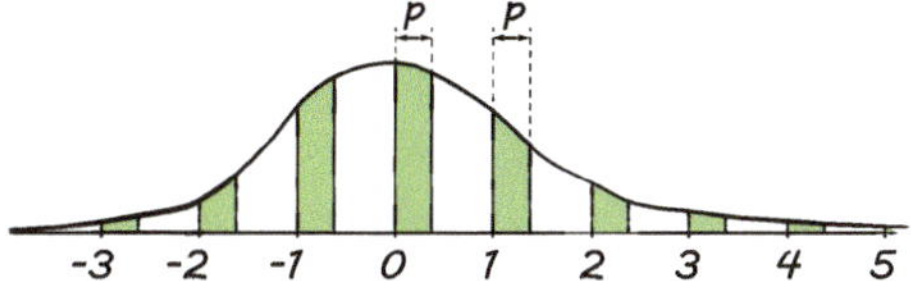

Abb. 8.4 Wahrscheinlichkeitsdichte mit gefärbten Bereichen und $p = 0{,}301$

Der Wert von X hängt vom Zufall ab. Aus $X = M \cdot 10^k$ ist ersichtlich, dass die Anfangsziffer von X genau dieselbe ist wie die Anfangsziffer der Mantisse M. Deshalb kann man zur Mantisse übergehen. Das alles wissen wir ja schon. Hier ist es nochmal erzählt in Slow-Motion. Der Übergang zur Matisse bringt Vorteile: Während man bei der Untersuchung der Anfangsziffer unendlich viele Intervalle für X berücksichtigen muss, reicht ein einziges Intervall bei der Mantisse von X: Wegen

$$\log_{10} X = \log_{10} M + k$$

ist nämlich die Anfangsziffer von X zum Beispiel eine 1 immer dann, aber auch nur dann, wenn $1 \leq M < 2$ ist, anders ausgedrückt, wenn

$$0 \leq \log_{10} M < \log_{10} 2 = 0{,}301.$$

Also kann keiner meckern, wenn ich jetzt sage: X hat die Anfangsziffer 1 genau dann, wenn für irgendeine ganze Zahl k der Logarithmus $\log_{10} X$ im Intervall $[k + 0, k + 0{,}301]$ liegt.

In Abb. 8.4 bedeutet dies, dass X genau dann Anfangsziffer 1 hat, wenn $\log_{10} X$ in einen der bunten Streifen zwischen horizontaler Achse und Dichtefunktion fällt.

Die bunten Stücke machen den Anteil 0,301 auf der horizontalen Achse aus, also macht die bunte Fläche ungefähr den

Anteil 0,301 der Gesamtfläche unter der Wahrscheinlichkeitsdichte aus.

Für Wahrscheinlichkeitsdichten entsprechen solche Flächenanteile den Wahrscheinlichkeiten der zugehörigen Ereignisse. Die Wahrscheinlichkeit, dass X die Anfangsziffer 1 hat, ist demnach gleich der Wahrscheinlichkeit, dass der Zehnerlogarithmus von X in einen bunten Bereich fällt. Diese Wahrscheinlichkeit ist ungefähr 0,301, da die bunten Streifen ungefähr den Anteil 0,301 von der Gesamtfläche ausmachen.

Bei Daten aus der Wirklichkeit, zum Beispiel Einwohnerzahlen von Ländern, ist die Menge der Zehnerpotenzen, über die die Daten streuen, natürlich begrenzt. Je mehr Zehnerpotenzen es aber sind, desto mehr bunte Streifen haben wir, und desto besser ist die Annäherung des bunten Flächenanteils an 0,301.

Diese Denkweise kann man leicht auf eine beliebige Anfangsziffer verallgemeinern. Die Anfangsziffer von X ist d, wenn die Anfangsziffer der Mantisse gleich d ist, diese Mantisse M also irgendwo zwischen d und $d + 1$ liegt, also wenn der Zehnerlogarithmus von M in einem Intervall der Länge $\log_{10}(d + 1) - \log_{10}(d)$ liegt. Die bunten Streifen haben dann jeweils diese Breite, die man auch als $\log_{10}(1 + 1/d)$ ausdrücken kann. Gleichzeitig sind das dann die Wahrscheinlichkeiten für die verschiedenen Anfangsziffern. Für $d = 9$ zum Beispiel ergibt sich der Tabellenwert $\log_{10}(1 + 1/9) = 0{,}046$ als Auftretenswahrscheinlichkeit.

Ich glaube, dass wir das Wie und Warum der Benford-Verteilung von Anfangsziffern jetzt gut verstanden haben. Zeit, sich endlich um die Anwendungen zu kümmern, bevor dieses Kapitel zu Ende geht.

Ich gebe zurück!

Okay, ich stehe schon in der Spur mit der Frage: Ist die Benford-Verteilung nur eine kuriose Spielerei, oder kann man damit irgendwas Nützliches anfangen?

Antworten: Nein, ist sie nicht. Und ja, das kann man.

Dieses Verteilungsgesetz gilt zum Beispiel auch für die Mehrheit von Finanzdaten. Für viele verschiedene Arten von Zahlungen und Kosten, Guthaben und Schulden, Ausgaben und Einkünften: Beträgen auf Kassenzetteln, Ersparnissen auf Konten, Gewinnen von Firmen und so weiter und so fort. Echte, unverfälschte, saubere Finanzdaten folgen der Benford-Verteilung, fabrizierte, gefälschte und manipulierte Daten weichen davon ab.

Der US-Statistiker und Professor für Buchhaltungswesen Mark Nigrini hat Daten über die Zinserträge, die amerikanische Banken an die Steuerbehörde leiten, statistisch untersucht und fand das Benford-Gesetz sehr genau erfüllt. Doch die von den Steuerpflichtigen in ihren Steuererklärungen angegebenen Beträge wichen oft davon ab.

Mark Nigrini hat eine Prüfsoftware entwickelt. Sie wird bereits in vielen Ländern, auch in Deutschland, von Behörden und Wirtschaftsprüfern verwendet. Sie dient zum Aufspüren geschwindelter Steuererklärungen und fingierter Bilanzen. Die Software wurde an Fällen zugegebener Steuerhinterziehung und Bilanzfälschung getestet: Keine der gemogelten Erklärungen und Bilanzen passierte den Benford-Test.

Es ist aber auch ziemlich schwer, Daten so zu fälschen, dass sie weiterhin Benford-artig bleiben. Denn nicht nur die Anfangsziffern, sondern auch die nächstfolgenden Ziffern natürlich vorkommender Daten zeigen statistische Besonderheiten.

Wenn Steuererklärungen beim Benford-Test durchfallen, ist das natürlich kein juristisch zwingender Beweis für Fälschung. Es ist aber ein Signal für die Steuerbeamten, einmal genauer hinzuschauen, Belege anzufordern, Einträge zu prüfen, eventuell eine Steuerrevision zu veranlassen. Denn wenn eine Datenkollektion nicht dem Benford-Gesetz gehorcht, ist es meistens aufschlussreich, der Frage nachzugehen, welcher Grund dafür verantwortlich ist.

Es mag nur ein kleiner finanzieller Unterschied sein, wenn jemand einen tatsächlichen Gewinn von 11.432 Euro als 9921 Euro nach unten drückt, doch schon diese eine Manipulation verzerrt das Gefüge der ersten beiden Ziffern erheblich. Und da es hier um die Ziffer 9 geht, die einen starken Verzerrungshebel hat, kann der Datensatz schon dadurch auffällig werden. Und dann wird Mark Nigrini mit seiner Prüfsoftware Alarm schlagen: Einen Daten-Guru kann man nicht belügen.

Und genauso wie man Steuererklärungen manchmal ansehen kann, dass sie gefälscht sind, geht das gelegentlich auch bei Wahlergebnissen. Und zwar einfach, indem man sich die nackten Zahlen der Stimmen für die Kandidaten in den Wahlkreisen genauer anschaut.

Ein schönes Beispiel ist die Präsidentschaftswahl im Iran am 12. Juni 2009. Weithin wurde dem Wahlgewinner Ahmadinedschad Wahlbetrug vorgeworfen. Sehen wir uns ein paar Zahlen an.

Es gab insgesamt vier Kandidaten. Sie erhielten die folgenden offiziellen Stimmenzahlen:

- Ahmadinedschad: 24.515.209
- Mussawi: 13.225.330
- Rezai: 659.281
- Karroubi: 328.979

Das sind die Ergebnisse, die vom iranischen Innenministerium bekanntgegeben wurden. Auch informierte das Ministerium über die amtlichen Stimmenzahlen für die Kandidaten in den 366 Wahlbezirken. Diese Zahlen variieren für alle vier Kandidaten über mehrere Zehnerpotenzen, da die Wahlkreise unterschiedlich groß sind. Deshalb sollten für jeden Kandidaten die Anfangsziffern seiner Wahlkreisergebnisse der Benford-Verteilung folgen.

Das tun sie aber nicht. Sehr viele, nämlich 41 der 366 gemeldeten Stimmenzahlen für Karroubi beginnen mit der Anfangsziffer 7, gegenüber einer nach Benford zu erwartenden Anzahl von 23. Ganz ähnlich gab es bei den 366 Stimmenzahlen von Ahmadinedschad zu viele Anfangszweier und zu wenige Anfangseinser. Insgesamt sind die Abweichungen von der Benford-Verteilung hochsignifikant. Das Wahlergebnis ist so gut wie sicher nicht auf regulärem Weg zustande gekommen. Wie aber dann? Antwort unbekannt!

So aber soll dieses Kapitel auch nicht enden, mit offener Antwort zu unschönem Thema im Irgendwo-weit-weg.

Sondern vielmehr spielerisch. Mit einer pfiffigen Spielerei, mit der ihr bei nächster Begegnung euren Lieblingsfeind (kürzen wir den ab mit „Lie-fei") austricksen könnt. Sie geht so. Euer Lie-fei darf eine beliebige fünfstellige Zahl wählen. Sagen wir, er nimmt 52.342.

Anschließend werden daraus neun sechsstellige Zahlen erzeugt, und zwar durch Anheften der gewählten Zahl erst an die Ziffer 1, dann an die 2 usw. bis zur 9. Nun wird eine Google-Zählung für jede dieser neun Zahlen gemacht. Ihr habt eurem Lie-fei vorab mitgeteilt, dass die drei Google-Zählungen für die Zahlen 152.342 und 252.342 und 352.342 addiert werden und eure Punktzahl ergeben sollen.

Die Punktzahl des Lie-fei soll durch Addition der sechs Zählwerte für 452.342, 552.342 bis 952.342 errechnet werden. Wer die größte Punktzahl erreicht, gewinnt.

Weiß der Lie-fei nichts von der Benford-Verteilung, wird er das Spiel wahrscheinlich als extrem positiv für sich werten. Und euch für einen Depp halten. Immerhin werden für ihn doppelt so viele Auszählungsergebnisse addiert. Ihr seid aber kein Depp, sondern es ist Deep Play. Benford macht's möglich.

Denn die Benford-Verteilung wirkt auch hier, und zwar zu euren Gunsten. Sie sichert euch trotz gefühlter Benachteiligung rund 60 % der gesamten Zählwerte aller neun Google-Zählungen zu. Mit großer Wahrscheinlichkeit reicht das zum Gesamtsieg.

Hier sind die Zahlenwerte. Für das konkrete Beispiel mit auf 1000 gerundeten Google-Zählungen von dem Tag, der 19. März 2015 heißt.

Die Summe der ersten drei Google-Zählungen ist 484.000. Die Summe der letzten sechs Zählungen ist 434.000. Sogar noch knapper als erwartet. Egal, ihr gewinnt. Der Lie-fei verliert und brüllt „Fack".

Jetzt aber Schluss gemacht. Gerade noch rechtzeitig vor der drohenden Verschülerzeitung des Niveaus dieses Kapitels. Und schnell nach Hause. Der letzte Bus ist schon weg. Also ausnahmsweise … Taxistand. Roger and over!

9

Taxi, Taxi!

Erklärt, wie man mit minimaler Info die Anzahl der Taxis in einer Stadt angeben kann. Und wie das im Zweiten Weltkrieg zum Ausrechnen des Gegners eingesetzt wurde.

Szenenwechsel.

Herr K und sein Kollege Adam Sapfel sind auf Dienstreise in einer großen Stadt. Vielleicht Eppelstadt. Big Eppel. Sie stehen an einer Straßenecke, und es ist ein ziemliches Sauwetter. Regen in Strömen. Deshalb wollen sie ein Taxi nehmen. Während sie warten, sehen sie sechs Taxis. Alle fahren vorbei. Alle haben schon Kunden an Bord.

Die Taxis in Big Eppel sind durchnummeriert. Herr K hat sich die Nummern der vorbeifahrenden Taxis aus Langweile gemerkt. Es sind:

$$696, 119, 296, 548, 431, 864.$$

Während unsere Helden vergeblich versuchen, von den Taxis eins zum Anhalten zu bewegen, fragen sie sich, wie viele Taxis es in der Stadt wohl gibt.

© Springer-Verlag Berlin Heidelberg 2016
C.H. Hesse, *Der SchnellerSchlauerMacher für Zufall und Statistik*,
DOI 10.1007/978-3-662-47120-3_9

„Ein Königreich für ein Taxi. Das ist jetzt schon das sechste Taxi, das vorbeifährt, aber schon besetzt ist", sagt Herr K. „Es gibt einfach zu wenige Taxis in dieser blöden Stadt."

„Die größte Zahl, die wir auf einem Taxi gesehen haben, war 864. Daraus schätze ich, dass es in Big Eppel 1008 Taxis gibt.", sagt Sapfel. Sapfel ist nämlich ein Schlauberger. Wie hat er das denn bloß wieder ausgerechnet?

Mit Köpfchen! Einfach mal was daherschätzen kann natürlich jeder. So irgendwie Pi mal Daumen. Aber für kultiviertes Schätzen braucht man Mathematik.

Adam Sapfel hat so überlegt: Die in der Stadt fahrenden Taxis sind durchnummeriert von 1, 2, 3, …, N. Der Wert der großen Unbekannten N ist die größte Zahl auf irgendeinem Taxi und gleichzeitig die Anzahl der Taxis in der Stadt. Adam Sapfel kennt die Anzahl N nicht.

Jetzt kommt die Idee: Sapfel hat bei seinen Überlegungen angenommen, dass die gesehenen Zahlen auf den Taxis eine Zufallsauswahl aus allen Taxinummern von 1 bis N darstellen. Das bedeutet: Jede dieser N Zahlen von 1 bis N hatte dieselbe Wahrscheinlichkeit, bei unseren Freunden an der Straßenecke auf einem Taxi vorbeizukommen. Adam Sapfel hat keinen Grund, etwas anderes anzunehmen.

Sapfel hat sich dann einfach die größte der beobachteten Zahlen, also 864, vorgeknöpft, sie durch die Anzahl 6 der beobachteten Zahlen dividiert und mit 7 multipliziert:

$$\frac{864}{6} \cdot 7 = 1008.$$

Das sieht ziemlich simpel gestrickt aus. Es hat aber System: Die Denke dahinter lässt sich so ausdrücken. Wenn man den größten Wert $Max = 864$ in der Stichprobe durch den Stichprobenumfang $n = 6$ teilt, dann ergibt das den mittleren Zwischenraum zwischen den Zahlen in der Stichprobe. Wird anschließend mit $(n + 1) = 7$ multipliziert, kann man im Schnitt erwarten, das unbekannte N zu treffen, da es ja von der Zahl 1 über die Werte in der Stichprobe bis zum unbekannten N genau einen Zwischenraum mehr gibt als den Stichprobenumfang n. Abbildung 9.1 bebildert das Gesagte.

Damit haben wir einen ersten vernünftigen „Schätzer" von N, nennen wir ihn N_1. Formelmäßig sieht er so aus:

$$N_1 = \frac{Max}{n} \cdot (n + 1).$$

Das ist eine hübsche Idee, um das Unbekannte N nicht einfach aus dem hohlen Bauch heraus, sondern mit System zu

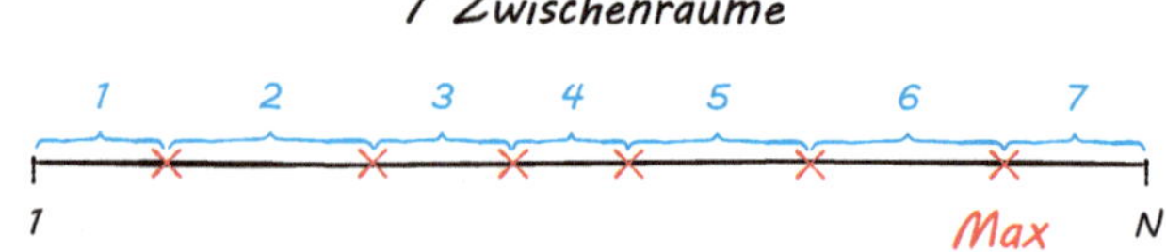

Abb. 9.1   Beobachtete Taxinummern und Zwischenräume

schätzen. Können wir noch andere, vielleicht sogar bessere Möglichkeiten finden?

Der Ansatz ließe sich eventuell noch verfeinern, wenn man die unbekannte siebte Lücke zwischen der größten Beobachtung *Max* und dem Wert N gut schätzen könnte. Das geht mit einem sauberen Trick: Im Schnitt ist nämlich diese Lücke zwischen *Max* und dem rechten Rand N des Zahlbereichs so groß wie die Lücke am linken Rand zwischen dem kleinsten Stichprobenwert *Min* und dem linken Rand, also der kleinstmöglichen Taxinummer 1. Das ist so wegen der Symmetrie: Weil die Taxinummern rein zufällig aus der Menge ganzer Zahlen von 1 bis N sind, ist der Abstand der kleinsten Taxinummer zur kleinsten Zahl 1 statistisch gesehen gleich dem Abstand der größten Taxinummer von der größten Zahl N. Die erste Lücke ist im Schnitt so groß wie die letzte.

Und das ist klasse, denn die erste Lücke ist ja bekannt. Diese erste Lücke links von *Min* hat die Länge *Min* -1. Und diese Länge werden wir als Schätzung für die Lücke rechts von *Max* verwenden und einfach zu *Max* hinzuaddieren. Und schon haben wir einen attraktiven zweiten systematischen Schätzer gebastelt:

$$N_2 = Max + Min - 1 = 864 + 119 - 1 = 982.$$

So wie's aussieht haben wir einen Lauf. Warum deshalb hier schon aufhören?

Noch ein Stück weitergehen können wir diesen Weg, indem nicht nur die Lücke links von *Min* benutzt wird, um die Lücke rechts von *Max* zu schätzen, sondern *alle* Lücken zwischen *allen* Stichprobenwerten. Alle haben nämlich statistisch gesehen dieselbe durchschnittliche Länge, um die sie jeweils streuen. Für eine konkrete Stichprobe sind manche Lücken natürlich kleiner und manche größer, aber alle streuen um denselben Wert.

Sehen wir uns diese Lücken einmal an. Aufsteigend sortiert sind die Taxinummern

$$119, 296, 431, 548, 696, 864.$$

Die kleinstmögliche Taxinummer ist die Zahl 1. Also haben wir die Lückenlängen 118, 177, 135, 117, 148, 168. Der gerundete Mittelwert dieser Längen ist 144. Wir nehmen diesen Mittelwert als Schätzung für die unbekannte Lücke rechts vom Maximum. Das bringt uns auf die weitere Schätzung $864 + 144 = 1008$ für N.

Nennen wir diesen Schätzer N_3. Wie schreibt er sich als Formel?

Die vom kleinsten bis zum größten Stichprobenwert sortierten Zahlen nennen wir $X_1, X_2, X_3, \ldots, X_n$. Dann sieht unser neuer Lückenmittel-Schätzer so aus:

$$N_3 = Max$$
$$+ \frac{(X_1 - 1) + (X_2 - X_1) + (X_3 - X_2) + \cdots + (X_n - X_{n-1})}{n}.$$

Macht schon was her, oder?

Seht ihr der Formel an, dass das im Wesentlichen derselbe Schätzer ist wie N_1?

Gibt's noch andere Ideen?

Ja!

Warum nicht einfach so überlegen? Jede der sechs Zahlen repräsentiert ein Sechstel der Stichprobe. Wenn wir die Zahlen wie oben von klein bis groß ordnen, markieren sie aufeinanderfolgende Teilbereiche des Anteils 16,7 % des ganzen Bereichs von 1 bis N. Wenn wir dann jede Zahl mit dem Mittelwert ihres 16,7 Prozentbereichs identifizieren, bedeutet dies, dass der größte Wert *Max* an der Stelle des Anteils $1 - 0{,}167/2 = 0{,}9165$ des unbekannten N liegt. Dann ist plötzlich sonnenklar, was wir machen müssen: Wir können N mit dieser Idee als Quotient des größten Wertes 864 durch 0,9165 schätzen. Das ergibt $864/0{,}9165 = 943$ Taxis. In eine Formel gepackt ist der neue Schätzer dieser Bruch:

$$N_4 = \frac{Max}{\left(1 - \frac{1}{2n}\right)}.$$

Schon jetzt haben wir einen ganzen Bauchladen verschiedener Schätzer. So weit sind wir ohne schwere Klimmzüge gekommen. Doch Mathematiker wären keine Mathematiker, wenn sie nicht nach dem besten Schätzer suchen würden. Mit einer cleveren Theorie können sie einen schlauen Schätzer bauen, der optimal ist.

Das macht für uns der Erklär-Bär.

Erklär-Bär

Moment erst mal! Was heißt denn hier eigentlich optimal? Wann ist denn ein Schätzer optimal? Wann ist ein Schätzer der beste? Oder einfacher: Wann ist ein Schätzer denn überhaupt gut?

Ein Schätzer ist gut, wenn er im Schnitt das, was zu schätzen ist, richtig schätzt. Wichtig sind die Wörter „im Schnitt". Der Schätzer darf also langfristig, bei vielen Einsätzen die Unbekannte weder überschätzen noch unterschätzen. Mathematiker nennen das *tendenzfrei* oder *unverfälscht*. Sagen wir einfach fair.

Man kann das mit dem Wiegen eines Schnitzels durch einen Metzger vergleichen. Wenn die Waage korrekt geeicht ist, wird sie das Gewicht vom Schnitzel tendenzfrei angeben, nicht einen zu kleinen oder zu großen Wert anzeigen. Das ist faires Wiegen.

Wenn der Metzger aber beim Wiegen immer auch seinen Daumen mit auf die Waage legt, dann wird das angegebene Gewicht immer zu hoch sein. Und man muss mehr bezahlen. Das ist nicht fair.

Okay, ein Schätzer ist also gut, wenn er fair ist. So weit, so gut. Aber nur so weit.

Denn zwar ist es gut, einen fairen Schätzer zu haben, aber das reicht noch nicht. Er sollte auch so wenig wie möglich um die unbekannte Größe streuen. Der faire Schätzer, der die kleinste Streuung seiner Werte um die unbekannte Größe aufweist, ist der beste Schätzer.

Und wie der in unserem Taxi-Beispiel aussieht, darauf kann keiner aus dem Stand kommen: Man muss einen ganzen Haufen Hard-Core-Theorie auffahren, um ihn zu berechnen. Er sieht so aus:

$$N_5 = \frac{Max^{n+1} - (Max - 1)^{n+1}}{Max^n - (Max - 1)^n}.$$

Ich hab nicht zu viel gesagt, stimmt's?

Oder seid ihr freihändig draufgekommen?

Wenn man diese Formel auf $Max = 864$ anwendet, erhält man mit $n = 6$ den Schätzwert 1007.

> „Eine tolle Theorie des Schätzens mit minimaler Informa-
> tion ist das", denkt und sagt jemand aus dem Off. „Ja, das
> denke ich auch", denke ich auch gerade.
> „Aber kann man irgendwas mit dieser tollen Theorie an-
> fangen?", fragt ihr euch vielleicht.

Ja, das kann man! Und damit melde ich mich als euer Autor zurück. Und bevor es zum Ende dieses Kapitels
gleich noch ziemlich weltbewegend wird, wollen wir das
Taxi-Thema mit einem Bild abschließen.

Das obige Schätzspielchen ist nicht einfach nur ’ne nette Spielerei für liebenswerte Nerds, sondern hat eine brutal
ernste Anwendung. Man könnte auch sagen: eine richtige

wichtige Vorgeschichte im realen Leben. Im realen Leben, wo es um Leben und Tod ging.

Als Weltkrieg Zwo vor gut 70 Jahren ausgekämpft wurde, haben die Gegner des Deutschen Reiches sich ziemlich angestrengt, den Output der Nazi-Kriegsmaschinerie irgendwie festzustellen. Sie versuchten zum Beispiel herauszukriegen, wie viele Panzer von den deutschen Fabriken hergestellt worden waren.

Dazu verwendeten sie Informationen, die sie durch Spionage erhalten hatten. Auch die Seriennummern der während des Krieges von ihren Streitkräften zerstörten deutschen Panzer waren nützlich.

Aber wie konnten die nützlich sein?

Denken wir nur an die Taxis. Die Seriennummern zerstörter Panzer konnten genauso verwendet werden wie die Taxinummern vorbeifahrender Taxis in der Geschichte oben. Die festgestellten Seriennummern im Krieg zerstörter Panzer erlaubten den Mathematikern der Alliierten, die gesamte Panzerproduktion in jedem Monat abzuschätzen. Genau mit denselben Schätzmethoden wie vorher zur Schätzung der Gesamtzahl der Taxis. Das gab den alliierten Befehlshabern wertvolle Hinweise für die Planung der eigenen Produktion und die Art der Kampfeinsätze, die sie führen wollten.

Nach dem Krieg konnte man feststellen, ob die Schätzungen richtig lagen. Es waren nämlich echte Dokumente über tatsächliche Produktionszahlen entdeckt worden.

Was war besser: die mathematischen Schätzungen oder die von den Spionen gelieferten Infos?

Die Antwort ist eindeutig. Das zeigt Tab. 9.1 mit den Vergleichswerten: Die mathematischen Schätzungen waren

Tab. 9.1 Während des Zweiten Weltkriegs produzierte Panzer in deutschen Firmen und deren Schätzwerte (Ruggles & Brodie, 1947)

Monat	Tatsächlich produzierte Panzer	Schätzungen der alliierten Mathematiker	Schätzungen durch Spionage
Juni 1940	122	169	1000
Juni 1941	271	244	1550
September 1942	342	327	1550

den ausspionierten Zahlen glatt überlegen. Klarer Punktsieg in allen Fällen.

Ein Hoch auf die Mathematik. Die Alliierten hatten einige extrem fähige Mathematiker in ihren Reihen. Zum Beispiel Alan Turing, auf den wir in Kap. 16 zurückkommen werden. Man sagt selbst dann nicht zu viel, wenn man den Satz sagt, dass dieser Alan Mathison Turing den Zweiten Weltkrieg entschieden hat. Ein Satz mit mächtigem Inhalt, aber wahr.

10

Gott wusste wann, die Berliner Mauer fällt

**Erzählt, wie ein Mann namens
Richard Gott den Sturz der
Mauer richtig vorhersagte.
Und was seine Methode über das
Ende der Menschheit sagt.**

C.H. Hesse, *Der SchnellerSchlauerMacher für Zufall und Statistik*,
DOI 10.1007/978-3-662-47120-3_10

Mit seinem eigentlich schnodderig dahin gesprochenen Statement trifft Little K den Nagel aber voll auf den Kopf. Die recht genaue Vorhersage, wann die Mauer fällt, stammte nämlich tatsächlich von Gott. Nur war es nicht der liebe Gott, sondern der Physiker John Richard Gott III, der die Mutter aller Prognosen über die Mauer gemacht hatte.

Das kam so: Dieser bekannte amerikanische Wissenschaftler von der Universität Princeton fuhr im Jahr 1969 beruflich nach Berlin. Es hatte etwas mit seinem Job zu tun. Er wollte an einer internationalen Tagung teilnehmen, die in dem Jahr zufällig in Berlin stattfand. Bei dieser Gelegenheit machte er an einem freien Nachmittag auch einen Abstecher zur Berliner Mauer.

An der Grenze stehend kamen ihm einige ziemlich ausgefallene Gedanken. Gott (also John Richard) überlegte ungefähr so: Die Mauer hatte einen Anfang. Ich nenne den Zeitpunkt mal t_{Anfang}. Und da nichts ewig währt, wird auch sie irgendein Ende haben. Nennen wir diesen Zeitpunkt t_{Ende}. Der erste Zeitpunkt ist bekannt, der zweite ist unbekannt und liegt von Gotts damaliger Gegenwart aus gesehen irgendwann in der Zukunft. Zwischen beiden Zeitpunkten erstreckt sich die ganze Lebensdauer der Mauer.

Das ist noch nicht weiter tiefschürfend. So weit kann selbst ein unausgeschlafener Grundschüler die Analyse treiben. Aber jetzt kommt ein super göttlicher Gedanke: Gott war der Meinung, seine Visite an der Mauer sei als rein zufällig anzusehen, mit seinem Besuchszeitpunkt t_{jetzt}, der nichts mit der Lebensspanne der Mauer zu tun hatte. Er sah sich also gegenüber dem ganzen Zeitintervall, in dem die Mauer existiert, als völlig willkürlich Eintreffenden an mit einem reinen Zufallsbesuchstermin an der Mauer.

Mit Wahrscheinlichkeiten gesagt: Gott konnte seinen Besuchszeitpunkt als gleich verteilt über die gesamte Zeitspanne der Mauerexistenz ansehen. Und das wiederum bedeutet: Jedes Teilintervall gleicher Länge hat dieselbe Wahrscheinlichkeit, den Zeitpunkt t_{jetzt} für den Gottesbesuch zu beinhalten.

Deshalb konnte Gott mit einer Zuverlässigkeit von 75 % sagen, dass der Zufallszeitpunkt t_{jetzt} seines Mauerbesuchs nicht im *ersten Viertel* der Zeitspanne der Mauerexistenz liegt, sondern in die letzten *drei Viertel* ihrer Gesamtexistenzdauer fällt. Nennen wir diesen Bereich mal den 75%-Bereich. Nahezu aus dem Nichts heraus geschöpft ist diese

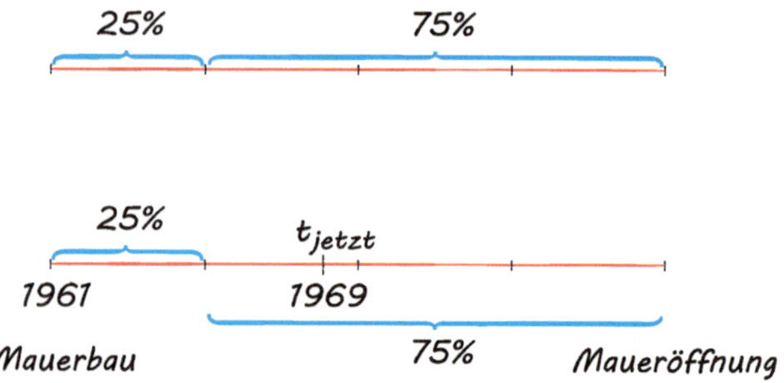

Abb. 10.1 Schematische Darstellung von Richard Gotts Prognose der Maueröffnung

Weisheit. Aber absolut offensichtlich. Gleichzeitig ziemlich clever, wie wir gleich sehen werden.

Die Länge der Zukunft der Mauer ist vom Besuchszeitpunkt aus gerechnet einfach die Differenz $t_{Ende} - t_{jetzt}$. Diese Differenz kannte Gott natürlich nicht. Die Länge der Vergangenheit der Mauer natürlich schon. Das ist die simple Differenz $t_{jetzt} - t_{Anfang}$. Gott ist also nicht allwissend. Jedenfalls der richardliche Gott, so wie wir alle, nicht.

Jetzt kommt noch etwas Wichtiges. Die Länge der Zukunft der Mauer ist relativ zu ihrer Vergangenheit dann am längsten, wenn t_{jetzt} am linken Rand des 75 %-Bereichs liegt. Dann wird die Zukunft dreimal so lang wie die Vergangenheit. Zum Besuchszeitpunkt von Richard Gott waren das acht Jahre Mauervergangenheit. Klar, oder? Abbildung 10.1 macht das eben Gesagte noch ein bisschen klarer.

Damit hat der irdische Gott ein ziemlich cooles Wahrscheinlichkeits-Statement aus dem Hut gezogen: Mit Wahrscheinlichkeit 75 % ist die Zunftsspanne der Mauer vom Zeitpunkt t_{jetzt} gerechnet höchstens noch 24 Jahre lang. Die

Mauer wird also mit 75 %iger Wahrscheinlichkeit spätestens 1993 fallen.

Was sie ja bekanntlich am 9. November 1989 erfreulicherweise für Gott und die Welt auch tat: Gott sah seine 75 %-Prognose bestätigt. Und die Welt wurde die Mauer los.

Das wäre erst mal geschafft. Kurze Pause, Kraftsaft tanken. Und weiter. Mit dem Erklär-Bär.

Erklär-Bär

Ich halte das für eine fantastische Schätzmethode. Die Länge der Zukunft wird allein aus dem bisherigen Alter vorausgesagt. Was man allerdings dafür braucht, ist ein Beobachtungszeitpunkt, der rein zufällig über die Gesamtexistenzdauer verteilt ist. Diese wichtige Eigenschaft muss unbedingt erfüllt sein. „Rein zufällig" bedeutet an dieser Stelle, dass der Zufallspunkt der Beobachtung mit derselben Wahrscheinlichkeit in jedes Zeitintervall gleicher Länge innerhalb der Gesamtexistenzdauer hineinfällt.

Das ist wichtig. Wenn ihr von einem Paar, das gerade geheiratet hat, zur ersten Party nach der Hochzeit eingeladen werdet, dann ist es nicht möglich, Gotts Methode sinnvoll anzuwenden, um vom Partydatum auf die Bestandsdauer der Ehe zu schließen. Das wäre ein ziemlicher Oberfail, wenn nicht gar der *Schlalf*, der **Schl**immste **all**er **F**ehler.

Oder beim Richtfest eines Hauses auf dessen gesamte Existenzdauer zu schließen. Genauso ein Fail. Denn das sind in beiden Fällen spezielle Termine, die nicht gleichverteilt über die Gesamtdauer angenommen werden können.

Im Hinterkopf haben muss man ebenfalls, dass es eine Wahrscheinlichkeitsprognose ist. Man kann die dabei auftretenden Wahrscheinlichkeiten aber auch ein bisschen anders ansetzen und damit der Sache einen anderen Dreh geben. Zum Beispiel den 75 %-Bereich ins Innere des Gesamtexistenzbereichs legen.

Oder, wenn mehr Sicherheit gewünscht wird, diesen Prozentsatz von 75 % auf 90 % oder 95 % hochschrauben. Die Überlegung sieht dann so aus: Unter derselben Annahme der Gleichverteilung von t_{jetzt} folgt, dass zu diesem Zeitpunkt t_{jetzt} der Anteil des bisherigen Maueralters an der ganzen Daseinsdauer eine beliebige Zahl zwischen 0 und 1 ist. Wiederum ist keine Zahl im Intervall von 0 bis 1 gegenüber einer anderen hervorgehoben. Wieder kann der zum Zeitpunkt t_{jetzt} aktuelle Altersanteil am Gesamtbestehen als rein zufällig verteilt über den Bereich von 0 bis 1 angesehen werden.

Was bedeutet das?

Es bedeutet zum Beispiel, dass dieser Altersanteil mit einer Wahrscheinlichkeit von 95 % irgendwo zwischen den Zahlen 0,025 und 0,975 liegt. Somit ist die Zukunft dann am kürzesten, wenn t_{jetzt} am rechten Ende des 95 %-Bereichs liegt. Längenmäßig ist sie dann nur das 0,025/0,975-fache der Vergangenheit, also umgerechnet 1/39-tel der Vergangenheit.

Am linken Ende des 95 %-Bereichs entspricht die Länge der Zukunft, zwar andersherum gesehen, aber sonst genauso gedacht, dem 39-fachen der bisherigen Vergangenheit. So subtil mit Anteilen jonglierend konnte Gott sogar 95 % sicher sein, dass vom Zeitpunkt seines Besuchs gerechnet die Mauer noch zwischen 2 Monaten und 312 Jahren existieren würde.

Zugegeben: Das ist eine extrem lange Prognosespanne. Aber man muss bedenken, dass wir dafür immerhin 95 %ige Sicherheit als Gegenleistung erhalten. Und außerdem, dass diese Prognose ohne nennenswerte Voraussetzungen erstellt werden konnte.

Warum diese geistreiche Methode nicht auch einmal auf andere Situationen anwenden? Thinking big: Statt Niveaulimbo greifen wir hoch, zu etwas ganz Anspruchsvollem: nämlich zu nichts weniger als der Abschätzung des Aussterbens der menschlichen Rasse.

Wieder muss man dafür nur sehr wenig wissen: Unsere Art *Homo sapiens* gibt es seit etwa 200.000 Jahren auf dem Planeten. Wir – ihr und ich – leben jetzt. Das heißt in der Gegenwart. Und es gibt keinen Grund, nicht anzunehmen, dass dieser Jetzt-Zeitpunkt nicht gleichverteilt über die gesamte Ära unserer biologischen Art auf dem Planeten ist.

Das ist schon alles, was wir brauchen. Den Rest – die Schätzweise – hat Gott für uns gemacht. Seine Methode verkündet nun umgehend: Mit Wahrscheinlichkeit 95 % wird es die Menschheit noch zwischen rund 5000 Jahren und rund 7,8 Millionen Jahren geben.

Auch das macht Sinn, wenn man die Prognose mit dem vergleicht, was Biologen über die mittlere Lebensdauer von Säugetierarten bis zum Aussterben erforscht haben. Im Schnitt waren das ungefähr acht Millionen Jahre. Warum sollte die Säugetierart Mensch anders sein?

Beim Sturz der Berliner Mauer hatte Gott mit seiner Prognose recht. Die eben gemachte Aussterbeprognose können wir allerdings nicht checken. Aber sich dagegen versichern? Claro!

Die Versicherung gibt's aber nicht im Ü-Ei für 95 Cent.

11
Lasset die Würstchen ausschwärmen

Veranschaulicht mit Schwarmintelligenz auf Würstchenbasis die Berechnung der Kreiszahl Pi. Und wie ein ganzes Gewimmel von Zufall sich dabei gegenseitig ausknipst.

Was weiß ein Wiener Würstchen von der Kreiszahl Pi oder, wenn's euch lieber ist, von π?

Ihr denkt jetzt wahrscheinlich, das ist aber eine ziemlich krasse Frage. Und da habt ihr auch ziemlich genau recht. Eine Scherzfrage ist es aber nicht.

Es ist sogar eine sehr lohnende Frage und deshalb gut geeignet als Foreplay für das reizvolle Thema dieses Kapitels.

Die Antwort auf diese Einstiegsfrage ist erst mal ein ganz fetter Let-down, denn sie lautet: gar nichts!

Ein Wiener Würstchen weiß gar nichts von der Kreiszahl π.

Ich vermute, die meisten von euch haben das auch erwartet. Oder jedenfalls, wenn ihr diese Antwort jetzt hört, glaubt ihr sie sofort. Es ist dann wieder die Frage selbst,

© Springer-Verlag Berlin Heidelberg 2016
C.H. Hesse, *Der SchnellerSchlauerMacher für Zufall und Statistik*,
DOI 10.1007/978-3-662-47120-3_11

die euch im Nachhinein umso hirnrissiger vorkommt. Stimmt's?

Aber glaubt mir, und ich kann es nur wiederholen: Es ist keine Scherzfrage.

Das sieht man, wenn man sie ein bisschen abändert.

Und zwar zu dieser Frage: Was weiß eine Schar von Wiener Würstchen von der Kreiszahl π?

Ja, genau das soll jetzt der Stoff für die nächsten paar Dutzend Sätze sein. Und jetzt seid ihr vielleicht gar nicht mehr so sicher, ob man diese Nachfrage auch so einfach abtun kann. Ich hoffe, dass ich euch damit neugierig gemacht habe. Jedenfalls kann ich euch schon mal sagen, dass ein paar Gläser Wiener Würstchen super Materialien für eine Mathe-Motto-Party sind.

Einige von euch haben bestimmt schon mal was von Schwarmintelligenz gehört. Und selbst ein Haufen Wiener Würstchen ist nicht nur ein Fleischberg, sondern auch ein Schwarm.

Und auch ein Schwarm von Wiener Würstchen hat Schwarmintelligenz. Das will ich euch zeigen. Ein Schwarm von Wiener Würstchen weiß nämlich einiges über π. Und je größer der Schwarm, desto Genaueres weiß er.

Bevor ich von der Würstchenschar so richtig ins Schwärmen gerate, will ich erst mal wieder ein Stück zurückspulen. Ja eigentlich nochmal von vorn anfangen. Und zwar mit nur einem einzigen Würstchen.

Also, Reset.

Schon mit einem einzigen Würstchen kann man allerlei anfangen: essen oder dessen Länge messen.

Angenommen, wir haben nicht standardmäßig das Erste, sondern das Zweite getan. Und die Messung hat 10 Zentimeter Länge ergeben. Jetzt müsst ihr noch etwas über meine Küche wissen. Der Boden ist gekachelt. Mit 20 × 20 Quadratzentimeter großen Kacheln. Und natürlich mit dünnen Fugen zwischen allen Kacheln.

Ich nehme jetzt das Würstchen in die Hand, und da ich ziemlich ungeschickt bin, fällt es mir runter auf den Küchenboden. Irgendwie. Ganz willkürlich. Und obwohl das ein Versehen ist, kann ein Wissenschaftler auch daraus noch das Beste machen. Und was Nützliches denken. Selbst ein fallendes Würstchen ist noch prima, passend und brauchbar, jedenfalls erkenntnistheoretisch gedacht.

Würde mich nicht wundern, wenn ihr jetzt denkt, dass sich das eher hirnrissig anhört, wenn nicht sogar verrückt ist.

Ja, sicher. Das auch. Es ist verrückt. Aber ist es verrückt genug? Verrückt genug, um daraus wieder etwas Vernünftiges zum Thema π machen zu können? Ganz weit links auf der Skala aller Verrücktheiten fängt nämlich das Vernünftige langsam wieder an.

Seid ihr jetzt vielleicht sogar noch neugieriger darauf geworden, was ich vorhabe?

Um kurz festzuhalten: Ein einziges Würstchen liegt momentan irgendwie und -wo auf meinem gekachelten Küchenboden.

Jetzt kommt die entscheidende Frage. Und ich gebe zu, man muss schon Mathematiker sein, um auf eine solche Frage überhaupt zu kommen. Hier ist sie: Wie wahrscheinlich ist es, dass ein rein zufällig fallendes Würstchen eine der Fugen zwischen den Kacheln schneidet?

Ihr kennt sicher das Prinzip KISS, das ich hier zu KISSS erweitern möchte. Nach diesem Prinzip – „Keep it short and small and simple!" – machen wir es kurz, halten die Dinge klein und bleiben schlicht. Speziell beziehen wir die Frage zu den Kacheln nur auf die horizontalen Fugen und ignorieren die vertikal verlaufenden Fugen. Alle. Aber zusätzlich zu dem einen eben heruntergefallenen Würstchen werfen wir noch ein paar weitere Würstchen.

Im nächsten Bild ist ein Zwischenstadium des ganzen Würstchenabenteuers zu sehen. Diesmal ausgeführt von K-Tharina und Little K. Schaut man sich das Bild an, gibt es eine einzige Überschneidung zwischen den Würstchen und den horizontalen Kachel-Zwischenräumen. Nur ein einziges Würstchen überschneidet eine horizontale Fuge.

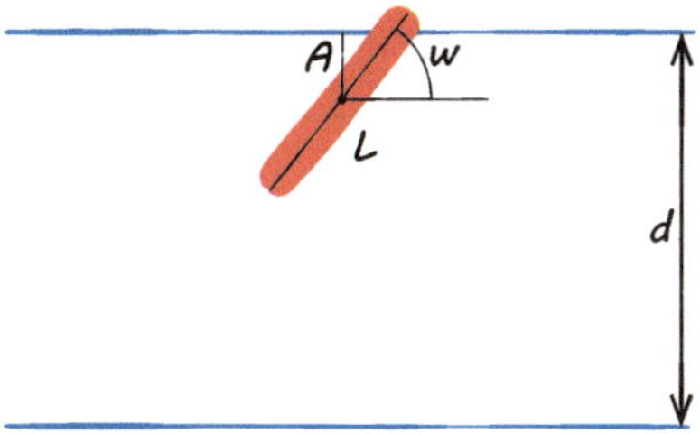

Abb. 11.1 Die Mathematik des willkürlichen Würstchenwerfens

Was war nochmal die Frage? Ach ja. Für ein einzelnes, rein zufällig fallendes Würstchen: Wie wahrscheinlich ist es, dass es irgendeine horizontale Fuge schneidet?

Also legen wir los. Erstens muss geklärt werden, was rein zufälliges Fallen eines Würstchens eigentlich bedeutet. Das heißt, was es mathematisch bedeutet. Dabei hilft uns Abb. 11.1.

Wenn das Würstchen auf dem Boden liegt, kommt es nur auf zwei Dinge an. Jedenfalls was unsere Angelegenheit betrifft. Nämlich wie weit sein Mittelpunkt M von der nächsten horizontalen Fuge entfernt ist. Und in welche Richtung das Würstchen zeigt. Das eine ist der Abstand, das andere ist die Orientierung. Der Abstand wird vom Mittelpunkt M senkrecht zur horizontalen Fuge gemessen, die Orientierung wird als Winkel zwischen Würstchen und der Richtung gemessen, die durch die horizontalen Fugen vorgegeben ist. In Abb. 11.1 sind der Abstand mit A und der Winkel mit w eingezeichnet.

Nach diesem foreplay, können wir unsere Vorstellung vom zufälligen Fallen mathematisch ausdrücken.

Abb. 11.2   Die mathematische Bedeutung von zufälligem Würfelwerfen

Rein zufälliges Fallen oder Werfen soll mathematisch bedeuten, dass der Mittelpunkt M des Würstchens ganz beliebig im Bereich von 0 bis zum halben Abstand zwischen benachbarten Fugen variiert. Für den Winkel w zwischen horizontaler Richtung und Würstchenrichtung soll es bedeuten, dass dieser Winkel irgendwo beliebig im Bereich von 0 bis 180 Grad liegt, also im Intervall von 0 bis π.

Das können wir auch geometrisch erfassen und dann durch ein ganz einfaches Diagramm ausdrücken: Rein zufälliges Fallen bedeutet, dass Abstand A und Winkel w einen Punkt in einem Koordinatensystem bilden, der in das Rechteck von Abb. 11.2 fällt.

Kein Bereich in diesem Rechteck ist gegenüber einem beliebigen gleich großen anderen Bereich bevorzugt. Wie wahrscheinlich es ist, dass ein rein zufällig ausgewählter Punkt in einen vorgegebenen Bereich fällt, hängt nur davon ab, wie groß der Bereich ist. Aber nicht davon, wo der Bereich liegt.

So. Damit ist schon mal eines erreicht.

Die nächste Frage lautet: Welcher Bereich im Rechteck von Abb. 11.2 gehört denn nun zu den Fällen, bei denen eine Überschneidung zwischen Fuge und Würstchen auftritt? So eine Überschneidung tritt ja nicht immer auf, nur manchmal. Aber wann?

Wann tritt mathematisch eine Überschneidung auf? Abbildung 11.1 ist zu entnehmen, und das sagt auch unser Gefühl, dass der Abstand A dafür nicht zu groß sein darf. Er darf eine gewisse Größe nicht überschreiten. Die hängt natürlich vom Winkel w und der Würstchenlänge L ab. Konkret müssen die in der Beziehung

$$A \leq \frac{L}{2} \cdot \sin w$$

stehen. Dann haben wir Überschneidung. Die rechte Seite von dieser Ungleichung ist die Länge der Dreiecksseite senkrecht zur Fuge. Die Überschneidungsbedingung kann man natürlich auch wieder in etwas zum Anschauen übersetzen. Sie führt zum schraffierten Bereich im Rechteck von Abb. 11.3.

Mit diesen kleinen Denkschritten sind wir schon ziemlich weit vorangekommen.

Was ist nämlich jetzt die gesuchte Wahrscheinlichkeit?

Dafür ist nicht mehr viel zu tun. Um sie zu berechnen, müssen nur zwei Bereiche zueinander in Beziehung gesetzt werden: Ein Bereich repräsentiert alle möglichen Würstelwürfe. Ein Teilbereich davon repräsentiert alle Würfe mit Überschneidung.

Die gesuchte Wahrscheinlichkeit ist dann einfach der Anteil des Teilbereichs am ganzen Bereich.

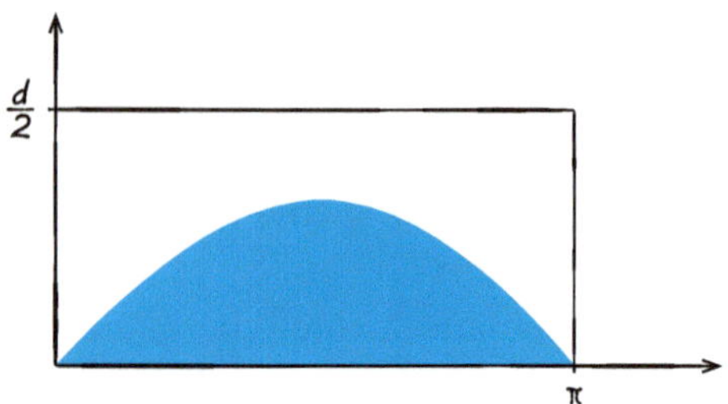

Abb. 11.3 Geometrische Darstellung von Überschneidungen beim willkürlichen Würstelwerfen

Aber welchen Anteil umfasst denn der Bereich, der die Überschneidungen darstellt?

Die Größe beider Bereiche lässt sich natürlich durch ihre Flächeninhalte bestimmen. Die gesuchte Wahrscheinlichkeit ist dann der Quotient aus dem Flächeninhalt der schraffierten Fläche in Abb. 11.3 und dem Flächeninhalt des Rechtecks. Die Übersetzung in die Geometrie lässt das Ganze plötzlich recht leicht werden, nicht wahr? Wir haben es dann im Zuschauer-und-Mitdenker-Format vor Augen.

Nehmen wir – wieder mal nach dem bewährten KISSS-Prinzip – die Würstchenlänge als $L = 1$ und den Fugenabstand als doppelt so lang an: $d = 2$. Den Flächeninhalt der schraffierten Fläche erhält man sofort, wenn man weiß, dass der durchschnittliche Wert des Sinus im Intervall von 0 bis π gleich $2/\pi$ ist.

Damit ist alles bereit für die Berechnung der gesuchten Wahrscheinlichkeit:

$$P \text{ (Überschneidung zwischen Würstchen und horizontaler Fuge)} = \frac{\pi \cdot (2/\pi)}{2 \cdot \pi} = \frac{1}{\pi}.$$

Dieselbe Art von Denke funktioniert auch dann, wenn die Würstellänge nicht 1, sondern L ist, und der Fugenabstand nicht 2, sondern d. Dann landet man für die Wahrscheinlichkeit sofort beim Wert

$$p = \frac{2L}{d\pi}.$$

Zugegeben, die Beweisführung war ein bisschen spaghettifiziert, also stark in die Länge gezogen. Und ein wenig ungeschmeidig, denn einige von euch hantieren vielleicht noch nicht so gerne mit einem Sinus herum. Was ich verstehen kann.

Aber auch hier geht's anders. Wesentlich weicher und weniger drahtig. Keiner kann sagen, dass die Mathematik eine rücksichtslose Wissenschaft ist. So gut es geht nimmt sie auf die Vorlieben und Abneigungen ihrer Endverbraucher Rücksicht. Sehen wir uns an, wie, wenn der Erklär-Bär es brummschädelfrei erklärt.

Erklär-Bär

Statt ständig Würstchen zu bemühen, nehmen wir jetzt eine Strecke. Eine Strecke, von der wir uns vorstellen, dass wir sie genauso auf ein Linienmuster werfen können wie ein Würstchen auf die Fugen der Kacheln.

Wenn wir einen ganzen Streckenzug werfen, ist die Anzahl der Überschneidungen gleich der Summe der Überschneidungen der einzelnen Streckenstücke, wenn ich den Streckenzug irgendwie in Stücke zerlege. Man muss sich nicht einmal großartig klarmachen, sondern es ist sofort schon klar, dass es dabei nicht darauf ankommt, in wie viele Teile ich den Streckenzug zerlege und ob diese Teile dann überhaupt noch zusammenhängen oder voneinander getrennt sind und ob sie überhaupt noch in dieselbe Richtung zeigen oder in verschiedene. Das ist alles egal.

Diese Eigenschaft nennen die Mathematiker übrigens *Linearität*. Und sie lässt sich natürlich nicht nur begrifflich, sondern auch mit einer Formel auf den Punkt bringen: Wir schreiben $E(Z)$ für die bei zufälligem Werfen eines Streckenzuges mit Länge Z im Durchschnitt zu erwartende Anzahl von Überschneidungen. Whow, zwar ultimativ präzise, aber doch ziemlich kompliziert dieser Satz. Am besten nochmal lesen. Dann verstehen wir's: $E(Z)$ sagt uns, wie viele Überschneidungen wir erwarten können bei Länge Z. Nimmt man jetzt an, dass dieser Streckenzug aus zwei Teilen mit Längen X und Y besteht, dann besteht die Gleichung

$$E(Z) = E(X + Y) = E(X) + E(Y).$$

Das ist Linearität. Sieht als Formel ganz einfach aus.

Und Linearität ist gut für uns. Denn Linearität bedeutet, dass man E als eine Funktion betrachten kann und dass diese Funktion E die einfache Gestalt

$$E(X) = c \cdot X$$

haben muss. Und zwar für jeden aus wie vielen Teilen auch immer bestehenden Streckenzug irgendeiner Länge X. Das kleine c in dieser Gleichung ist einfach eine feste Konstante.

Das erleichtert unser Leben ungemein. Weil darin eine Menge Information steckt. Fast sind wir nämlich damit schon fertig.

Fast! Denn offen bleibt noch die Konstante c. Die fehlt noch.

Na gut, aber als die Helden, die wir sind, finden wir die Konstante mit einem heldenhaften Geniestreich. Indem wir statt eines Streckenzuges einfach einen Kreis mit Radius $d/2$ auf das Linienmuster werfen, wobei d als der Abstand zwischen den horizontalen Fugen, äh Linien, gewählt ist.

Das Werfen dieses Kreises macht nämlich deshalb so viel Spaß, weil es wunderbar zu unserem KISSS-Prinzip passt. Kurz und einfach und schlicht kann man sagen, dass der Kreis, ganz gleich wie er geworfen wird, immer exakt zwei Überschneidungen mit dem Linienmuster hat. Weil der Abstand zwischen benachbarten Linien nun mal auch d ist.

Die Länge dieses Kreises ist sein Umfang $\pi \cdot d$. Außerdem kann der Kreis durch einen Streckenzug aus ganz kurzen, geraden Stücken so genau, wie man möchte, angenähert werden. Schon der alte Archimedes hat das vor langer Zeit etwa um 250 vor Christus auf diese Weise gemacht, um die Zahl π geometrisch zu bestimmen.

Dieser Streckenzug hat bei immer größer werdender Genauigkeit der Annäherung ebenfalls immer genauer die Länge $\pi \cdot d$. Auch führt das Werfen dieses Fastkreises auf dieselbe Anzahl von 2 Überschneidungen mit den horizontalen Fugen.

Jetzt wenden wir einfach die Linearitätsbedingung auf diesen kreisannähernden Streckenzug an. Das liefert uns

$$2 = E\,(\text{Umfang des Kreises}) = E\,(\text{Länge des Streckenzugs})$$
$$= c\,(\text{Länge des Streckenzuges}) = c \cdot \pi \cdot d.$$

Mehr braucht man nicht, um durch Vergleich der beiden Gleichungsseiten c zu finden: Direktemang notieren wir:

$$c = \frac{2}{d \cdot \pi}.$$

Und fertig ist die feine Formel:

$$E\,(X) = \frac{2X}{d\pi}.$$

Die Sache mit dem Kreis ist wirklich eine Feel-Good-Idee.

Aber was bringt uns das, was sie uns gebracht hat?

Ist ganz einfach herauszufinden. Man muss nur überlegen, was es mit dieser Konstante auf sich hat. Und da können wir jetzt eine ganze Menge sagen: Die Konstante c ist einerseits gleich $E(1)$ und andererseits gleich der Wahrscheinlichkeit, dass eine Strecke der Länge 1 eine horizontale Linie schneidet, bei Linienabstand d. Mit dem Wert $d = 2$, das bedeutet auch hier: Linienabstand gleich doppelte Streckenlänge, ist die uns interessierende Wahrscheinlichkeit wieder gleich $1/\pi$. Und tschüss.

Soweit der Erklär-Bär. Und jetzt aber Schluss mit dem Beweisrambazamba.

Das waren nun allerlei Gedanken über nur ein einziges Würstchen. Ein einziges Würstchen hat also eine Wahrscheinlichkeitsbeziehung zur Kreiszahl π. Wenn es geworfen wird, schneidet es entweder eine Fuge oder schneidet sie nicht. Ein Drittes gibt es nicht. Das Würstchen schneidet die Fuge mit einer gewissen Wahrscheinlichkeit. Die hängt in einfacher Weise von π ab. Doch ein einziges Würstchen allein kann uns darüber nicht das Geringste mitteilen. Wie gesagt: Entweder schneidet es eine Fuge oder eben nicht.

Anders ist es aber, wenn wir eine ganze Schar Wiener Würstchen befragen. In der Würstchenschar bildet sich Schwarmintelligenz. Dann ist nämlich der Anteil $\hat{p}$ aller Würfe mit Überschneidungen ein Näherungswert für die Wahrscheinlichkeit p einer Überschneidung, die wir ja berechnet haben. Und je größer die Würstchenschar, desto genauer ist im Schnitt diese Näherung. Der Anteil $\hat{p}$ nähert sich der Wahrscheinlichkeit p immer mehr an.

In der Gleichung

$$p = \frac{2L}{d\pi}$$

können wir deshalb dieses p durch $\hat{p}$ annähern. Dann ist

$$\hat{\pi} = 2L/d\hat{p}$$

umgekehrt eine Näherung für die Kreiszahl π.

Wenn ich also einen ganzen Haufen Wiener Würstchen werfe, komme ich mit meiner Formel für $\hat{\pi}$ sehr nahe an π heran. Im Prinzip so nah, wie ich will, ich muss nur oft genug werfen. Das ist meine Würstelwurfstrategie für π.

Wer hätte das gedacht: Die Würstchen zeigen uns, dass und wie auch ein Ensemble unbelebter Objekte schwarmintelligent sein kann. Schwarmintelligenz tritt nicht nur in der belebten Natur auf.

Und wenn man mit seinen Würstchen etwas ausgerechnet hat, liefern sie einem auch noch die Grundausrüstung für einen Imbiss als kulinarische Belohnung der geleisteten Arbeit.

Und noch etwas als Zugabe: Da π ja bekannt ist, brauchen wir keine Näherung für π durch Würstchenwerfen zu bestimmen. Wenn wir aber die Gleichung umstellen, dann können wir damit bei unbekanntem L diese Länge annähern mit

$$\hat{L} = \frac{\pi \cdot d \cdot \hat{p}}{2}.$$

Das ist sogar auf die Längenmessung einer beliebigen Kurve anwendbar, wenn man sich die durch kurze Streckenstücke angenähert denkt.

12
Kleiner Test gefällig?

Teilt mit, dass die meisten Alarme
zum Glück Fehlalarme sind.
Und dass ein medizinischer Test
trotz 99 %iger Zuverlässigkeit
99 % falsch-positive Ergebnisse
liefern kann.

© Springer-Verlag Berlin Heidelberg 2016
C.H. Hesse, *Der SchnellerSchlauerMacher für Zufall und Statistik*,
DOI 10.1007/978-3-662-47120-3_12

Etwas später.

Noch später.

Herr K sitzt in seiner Stammkneipe und ist mit den Nerven total am Ende. Das sieht man sofort. Neben ihm sitzt Theo Retisch, sein direkter Nachbar, mit dem er ab und an ein Bier trinken geht. Neben ihnen sitzt noch ein weiterer Herr, der kurz vorher beim Augenarzt war.

Sie haben sich alle zufällig in ihrer Stammkneipe am Eck getroffen.

„Ich hatte gehofft, dass du hier sein würdest, Theo", sagt Herr K. „Ich muss unbedingt mit dir reden."

„Was ist denn passiert", sagt Theo ganz aufgeregt: „Du wirkst beunruhigt. Schieß los."

„Ich komme gerade vom Arzt", sagt Herr K, „und hab heute das Ergebnis von meinem Krebstest bekommen."

„Und?"

„Positiv", sagt Herr K. „Der Test war positiv. Das hat mir gerade noch gefehlt."

„Auf welchen Krebs hast du dich denn testen lassen?",
fragt Theo Retisch.

„Auf Morbus Mumpitz. Der Arzt hat gemeint, der Test
ist 99 % zuverlässig. Heißt das, ich hab jetzt mit 99 %iger
Sicherheit diesen blöden Krebs? Du bist doch der Zahlen-
Guru in eurer Firma. Kannst du mir die Frage beantworten?"

„Ja, ich versuch's mal", meint Theo und beruhigt erst mal
seinen Freund: „Also, ich würde mir jetzt erst mal noch
keine so großen Sorgen machen. Und ich sage dir auch,
warum: Die 99 %ige Zuverlässigkeit des Tests ist zwar ziemlich hoch, aber der Test war für eine seltene Krankheit. Insofern kann da der Test etwas anderes sagen als die Wirklichkeit. Der Test kann leicht Fehler machen."

„Das verstehe ich nicht", meint Herr K, „99 %ige Zuverlässigkeit ist 99 %ige Zuverlässigkeit. Und wenn ein solcher
Test mit dieser Zuverlässigkeit mir sagt, dass ich Krebs habe, dann hört sich das für mich erst mal total blöd an. Tut
mir leid, Theo. Das hört sich für mich so an, dass ich mit
99 %iger Sicherheit Krebs habe. Wie kannst du sagen, ich
soll mir noch keine großen Sorgen machen?"

„Ich erklär's dir. Die 99 %ige Zuverlässigkeit des Tests
bedeutet: Wenn jemand tatsächlich Krebs hat, dann liefert
der Test mit einer Wahrscheinlichkeit von 99 % ein positives Testergebnis. Und wenn jemand keinen Krebs hat, dann
verkündet der Test mit einer Wahrscheinlichkeit von 99 %
ein negatives Testergebnis.

Es ist vielleicht sogar leichter, sich das mit richtigen Zahlen vorzustellen. Nehmen wir mal 10.000 gesunde Menschen, die den Krebstest machen. Bei den allermeisten Gesunden wird das Testergebnis negativ sein. So wie es sein

soll. Eben bei 99 von 100 Gesunden. Doch bei 1 von 100 wird der Test positiv sein. Und das ist ein falsches Ergebnis. Ein sogenanntes falsch-positives Ergebnis.

Bei der Zuverlässigkeit des Tests muss man im Schnitt bei einem Menschen von je 100 Gesunden mit einem falsch-positiven Ergebnis rechnen. Also bei 100 Menschen in der Gruppe der 10.000.

Umgekehrt ist es auch so. Von 10.000 Krebskranken wird der Test auch 100 Menschen falsch mitteilen, es sei bei ihnen alles in Ordnung.“

„Okay, verstehe so weit“, sagt Herr K. „Und du meinst, ich könnte darauf hoffen, einer von denen zu sein, die ein falsches Ergebnis erhalten haben?“

„Du bist auf der richtigen Spur“, antwortet Theo Retisch. „Und es wird dir gleich plausibel werden warum. Dieser Krebs nämlich, auf den du dich hast testen lassen, ist zum Glück ziemlich selten. Ich hab neulich so eine Sendung im Fernsehen gesehen, da wurde berichtet, dass Morbus Mumpitz nur einen von 10.000 Menschen trifft. Und mit dieser Info kannst du es dir leicht ausrechnen.

Nimm wieder eine Gruppe von 10.000 Leuten. Aber es soll jetzt eine repräsentative Stichprobe aus der ganzen Bevölkerung sein. Das heißt in dieser repräsentativen Gruppe hat ein Mensch tatsächlich Krebs. Und die restlichen 9999 haben keinen Krebs. Jeder 100. davon wird aber trotzdem das Testergebnis Krebs erhalten, also im Schnitt 100 Leute. Klar soweit?“

„Okay“, sagt Herr K, „und der eine, der tatsächlich Krebs hat, wird mit allergrößter Wahrscheinlichkeit auch ein positives Testergebnis erhalten.“

„Sehr gut", freut sich Theo, „du bist ein schlaues Kerlchen. Sprich weiter!"

„Also können in der Gruppe der 10.000 repräsentativ ausgewählten Leute $100 + 1 = 101$ mit einem positiven Testergebnis rechnen."

„Sehr richtig, mein Lieber", meint Theo „und merkst du etwas?"

„Lass mich mal kurz überlegen … Ja, ich denke schon. Wir haben 101 positive Testergebnisse für Krebs; 101 Menschen, die positiv getestet wurden, aber nur einer von diesen hat wirklich Krebs. Das bedeutet, 100 Tests sind falschpositiv. Fast alle positiven Testergebnisse sind falsch."

„Bingo: Nur ungefähr jedes 100. positive Testergebnis ist wirklich richtig. Rund 99 % der positiven Testergebnisse sind falsch."

„Wahnsinn", meint Herr K, „wir haben da also einen Test mit 99 %iger Zuverlässigkeit, der aber 99 % falsch-positive Testergebnisse produziert."

„Du sagst es. Das ist das Paradoxon des zuverlässigen Tests. Um es noch ein bisschen besser zu verstehen, können wir auch folgendes noch überlegen. Wenn ein Test dir ein positives Ergebnis liefert wie in deinem Fall, dann steckst du in einer von zwei grundverschiedenen Situationen. Die erste Möglichkeit ist: Du hast tatsächlich Krebs (ein sehr seltenes Ereignis), und der Test hat es dir richtig mitgeteilt. Oder zweitens: Du hast keinen Krebs, und der Test hat in deinem Fall einen Fehler gemacht (ein seltenes, aber kein sehr seltenes Ereignis). Wegen der großen Seltenheit der Krankheit ist aber der erste Fall noch viel unwahrscheinlicher als der zweite. Der Test macht zwar nur in 1 von 100 Fällen einen Fehler, aber die Krankheit, auf die er testet,

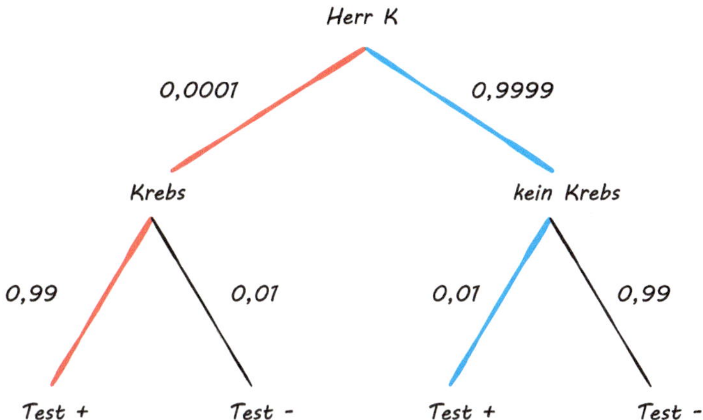

Abb. 12.1   Baumdiagramm als Darstellung des Krebstests

tritt sogar nur 100-mal weniger häufig auf. Ich zeichne dir noch ein Diagramm dazu auf" (Abb. 12.1).

Und Theo fährt fort: „Da du ein positives Testresultat hattest, weißt du, dass auf dich entweder der rote oder der blaue Pfad im Baumdiagramm zutrifft. Der rote Pfad ist sehr schlecht für dich, der blaue ist gut. Schlecht ist der rote deshalb, weil du dann wirklich Krebs hast. Der blaue bedeutet Entwarnung. Wichtig für dich ist, dass die beiden Pfade unterschiedlich wahrscheinlich sind. Das siehst du, wenn du die Wahrscheinlichkeiten entlang der Pfade multiplizierst. Zum Glück ist es viel wahrscheinlicher, dass der blaue Pfad auf dich zutrifft. Ungefähr 100-mal so wahrscheinlich ist der. Und der bedeutet einerseits ‚kein Krebs‘ und andererseits ‚Fehler beim Test‘. Ich hoffe, du fühlst dich jetzt besser."

„Ja, deutlich", sagt Herr K. „Ich bin froh, dass ich Freunde habe wie dich, Theo, die so druckreif denken können und einem ohne Firlefanz die Welt der Wahrscheinlichkeiten erklären können."

„Mach ich gerne, jederzeit. Und dafür erklärst du mir das Tolle in Goethes Texten, das ich manchmal nicht sofort entdecke oder verstehe. Übrigens, ich war vor Kurzem auch beim Arzt und habe dabei doch tatsächlich Folgendes erlebt:

„Apropos, nicht wissen", sagt Herr K. „Bei meinem Krebstest weiß ich die Antwort auf eine Frage immer noch nicht."

„Welche ist denn das?", fragt Theo.

„Wenn der Test wirklich so viele Fehler macht, warum macht es denn dann überhaupt Sinn, dass man sich testen lässt? Denn es ist ja ganz klar so, dass von 10.000 Leuten, die den Test machen, ungefähr 100 durch ein positives Testergebnis total beunruhigt werden, aber eigentlich gesund sind. Stell dir vor, einer flippt dadurch völlig aus und tut sich was an, Selbstmord oder so was, weil der die schlimme Nachricht vom Arzt nicht verkraften kann.“

„Zum Teil hast du recht“, antwortet Theo. „Unsere kleine Rechnung hat auf jeden Fall gezeigt, wie wichtig es ist, bei so einem aufwühlenden Testergebnis möglichst bald danach genau untersuchen zu lassen, ob das Testergebnis auch mit der Wirklichkeit übereinstimmt. Man muss das Testergebnis absichern lassen durch weitere Untersuchungen und durch eine zweite Meinung eines anderen Arztes. Wie gesagt, die meisten positiven Ergebnisse sind falsch, und die Leute können dann später aufatmen. Aber unnütz ist der Test trotzdem nicht.“

„Von dem, was du gerade gesagt hast, verstehe ich alles, bis auf deinen letzten Satz. Kannst du mir den noch erklären?“

„Ja, schau mal. Versetz dich in die Lage der Leute, die kein positives, sondern ein negatives Testergebnis bekommen haben. Der Test sagt ihnen, dass sie gesund sind. Von unserer repräsentativen Gruppe der 10.000 sind es immerhin 9900 Personen. Für die war das Testergebnis ja eine Erleichterung. Und diese Erleichterung ist auch berechtigt. Diese Leute können dem Testergebnis nämlich vertrauen.“

„Und warum ist in ihrem Fall das negative Ergebnis fast immer richtig, während ein positives Testergebnis dagegen fast immer falsch ist?“, fragt Herr K.

„Ein Mensch mit negativem Testergebnis hat mit allergrößter Wahrscheinlichkeit keinen Krebs, weil andernfalls nicht nur ein, sondern zwei sehr unwahrscheinliche Ereignisse eingetreten sein müssten: Einerseits müsste der Mensch tatsächlich die Krankheit haben, was sehr selten ist. Zweitens müsste der Test auch noch einen Fehler gemacht haben, denn er hatte ja verkündet, dass der Mensch gesund ist. Und die Kombination dieser beiden sehr unwahrscheinlichen Ereignisse ist extrem unwahrscheinlich."

„Okay, es ist vollbracht. Ich versteh es jetzt. Danke dir. Und toll erklärt, Theo!"

„Na dann Prost, mein Lieber! Hoffe, deine Spielfreude kehrt zurück."

Mit diesem Stück Gesprächsstoff ist so einiges über Tests gesagt, aber es kommt noch mehr …

Und zwar auf euch zu.

> **Erklär-Bär**
>
> 
>
> Hey, warum komme ich in diesem Kapitel nicht vor? Stattdessen dieser irrsinnig lange Dialog. Die Leute wollen mich sehen. Mich!! Verstehen Sie, Herr Autor?

Ruhe, bitte!

13
Einer für alle

Verrät den Trick, wie ihr eure ganze Familie plus Katze mit einem einzigen medizinischen Test durchchecken lassen könnt. Und wie die US-Armee das bei Syphilis einsetzte.

Also: Alles auf Anfang.

Genauer gesagt: Fast bis auf Anfang, denn es gibt ein „Was bisher geschah". Und hier ist es: Herr K, Frau K, K-Tharina und sogar Little K sind an diesem Sonntag früh aufgestanden und zu einem Leichtathletik-Sportfest gefahren. K-Tharina ist für den 1500-m-Lauf gemeldet. Zusätzlich zu allem anderen ist sie auch noch der sportliche Typ der Familie. Nach einigen Erfolgen in der letzten Zeit darf sie heute bei den Landesmeisterschaften mitlaufen. Um die Sache kurz zu machen: Sie wird heute wieder mal ziemlich gut laufen. Aber leider verliert sie am Ende knapp gegen ihre schärfste Konkurrentin mit dem Namen Anna Bolika.

© Springer-Verlag Berlin Heidelberg 2016
C.H. Hesse, *Der SchnellerSchlauerMacher für Zufall und Statistik*,
DOI 10.1007/978-3-662-47120-3_13

Nach dem Herzschlagfinale werden die Erstplatzierten zur Urinprobe gebeten. Es war der letzte Wettkampf des Tages, und die beiden Mediziner von der Anti-Doping-Agentur verlieren langsam die Lust am vielen Rumtesten. Sie hatten heute schon mehr Frust als Lustgewinn und wollen eigentlich schnell in den Feierabend einbiegen. Ursprünglich war nämlich Frau Dr. Anna Lüse für die heutigen Dopingkontrollen eingeteilt. Aber die ist krank geworden. Die beiden Medizin-Männer sind nur kurzfristig eingesprungen. Nennen wir sie mal abkürzend die M-Männer.

Als die M-Männer die beiden letzten Urinproben bekommen haben, hat M-Mann 1 eine glorreiche Idee.

Versteht ihr diese Unterhaltung zwischen den beiden? Ihr werdet sie besser verstehen, wenn ich euch die lustige Geschichte erzähle, die der M-Mann gehört hatte. Hier ist sie.

Ein schwäbischer Bauer sagt zu einem Bekannten, er müsse mal wieder zum Arzt, um sich untersuchen zu lassen. Sagt der Bekannte: „Du brauchst nicht zum Arzt gehen. In der Apotheke bei uns um die Ecke gibt's eine neue Maschine, die testet dich innerhalb von zehn Minuten komplett durch."

Schon kurz danach ist der Bauer in der Apotheke und fragt die Apothekerin, wie teuer der Test ist und wie er funktioniert.

„Der Test kostet 50 Euronen. Sie müssen nur eine Urinprobe vorbeibringen, und während Sie warten, bekommen Sie schon das Ergebnis."

Dem Schwaben ist das aber zu teuer, und er geht wieder. Aber schon am nächsten Tag ist er wieder da. Und zwar mit einem Riesenkanister voll Pipi. Er sagt zur Apothekerin, dass er es sich noch mal überlegt habe und den Test doch machen möchte. Er überreicht der Apothekerin sein flüssiges Mitbringsel.

Die Apothekerin startet die Maschine und schüttet die ausführliche Pipi-Probe des Bauern hinein. Zehn Minuten später hält die Apothekerin auch schon das Ergebnis in der Hand.

Elf Minuten später fragt der Bauer die Apothekerin, ob er mal kurz seine Frau anrufen kann. Zwölf Minuten später ruft er schneidig ins Telefon: „I bin gsund Klärle, sagt der Tescht, und du bisch a gsund und auch de Klaus, die Irma, die Oma und die Katz. Mir hen nix."

Auf den allerersten Blick ist das nur eine drollige Geschichte über Sein und Zeit und Knausrigkeit. Aber eigentlich ist es ein kleines Gleichnis über einen großen Fortschritt in der Wissenschaft. Statt die Proben einzeln zu testen, hat ein einziger Test für den Bauern und seine Familie plus Anhang und Haustier ausgereicht.

Soweit die fast schon Gebrüder-Grimm'sche Parabel von Pipi-Probe nebst schlauer Bauer.

Wir machen einen Sprung zurück zum Sportfest.

Auch die beiden Medizinmänner machen ihren letzten Test jetzt auf die Schnelle nach dem Prinzip *Einer für Alle*. Kleine Mengen beider Proben zusammenschütten, Testflüssigkeit in die Mischung. Bisschen abwarten.

Die Mediziner haben gegenüber dem pfiffigen Bauersmann sogar noch einen Vorteil: Aus langjähriger Erfahrung wissen sie, dass ungefähr 10 % der Dopingtests positiv ausfallen. Mit diesem Erfahrungswert kann man ausrechnen, wie groß die Ersparnis bei paarweisem Testen von Proben ist, wenn also jeweils zwei Proben gemischt und die Mischungen getestet werden.

Hier und jetzt und wie so oft ist der Punkt erreicht, von dem es sinnvoll weitergeht allein mit – ja, ihr ahnt es – Mathematik. Wir brauchen hier nur eine kleine Prise davon.

Und die benötigten Mathekrümel können mit ein paar Variablen und Vokabeln leicht ausformuliert werden: Die Wahrscheinlichkeit, dass eine Urinprobe positiv testet, setzen wir als p an, und dass sie negativ testet, mit q. Dieses q ist dasselbe wie $1 - p$. Werden zwei Proben zusammengeschüttet, dann ist das Testergebnis für die Mischung negativ mit Wahrscheinlichkeit q^2.

Tritt dieser Fall ein, also ein negatives Ergebnis, dann ist alles gut. Für alle: Die beiden Sportler sind sauber. Die beiden Medizinmänner freuen sich, weil sie so schnell mit der Arbeit fertig sind. Und nur ein Test wird gebraucht.

Aber es kann auch anders kommen.

Wenn die Mischung positiv testet, ist das unschön. Denn dann ist ein Sportler gedopt. Mindestens einer, mag sein sogar beide. Und die Dopingtester haben ein kleines Pech, denn sie sind noch nicht fertig.

Was ist dann zu tun?

Es geht nicht anders, als jetzt zu Einzeltests zurückzugehen. Wenn die Tester schlau waren, haben sie nicht beide Proben vollständig zusammengeschüttet, sondern von jeder etwas zurückbehalten. Ansonsten hätten sie jetzt ein Problem. Sie bräuchten frisches Pipi von den Sportlern.

Aber Dopingtester sind schlau. Sie haben noch Stoff in Reserve für die Einzeltests.

Nennen wir die Sportler kurz A und B. Testet die Probe von A negativ, dann sind die Tester im Glück. Sie brauchen keinen weiteren Test. Aus beiden Testergebnissen lässt sich nämlich fugenlos folgern, dass die Probe von B auffällig sein muss, ohne dass sie überhaupt einzeln getestet wurde.

Wenn die Wirklichkeit so ist, werden also insgesamt zwei Proben benötigt. Und dieser Fall tritt ein mit Wahrscheinlichkeit $p \cdot q$.

Auch bei diesem zweiten Test hätte es noch eine andere Möglichkeit gegeben. Wäre der Test von Probe A auch

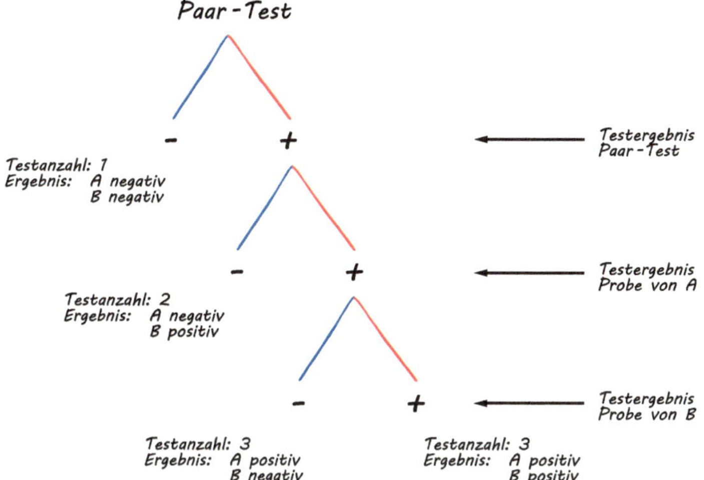

Abb. 13.1 Baumdiagramm zum Paar-Test

positiv ausgefallen, gäb's wieder ein Problem. Jedenfalls ist man noch nicht fertig. Dann muss nämlich Probe B auch noch einzelgetestet – oder wenn ihr wollt: geeinzeltestet – werden. Denn ob die sauber ist oder nicht: Darüber kann mit den bisherigen Ergebnissen nichts ausgesagt werden.

Dieser Verlauf ist derjenige mit totalem Pech für die M-Männer. Sie müssen dann sogar drei Tests für zwei Proben durchführen. Mehr Tests, als wenn sie gleich von Anfang an einzeln getestet hätten. Dieser Fall tritt ein mit Wahrscheinlichkeit p.

Alle Fälle sind im Baumdiagramm in Abb. 13.1 festgehalten.

Soweit erst mal die Analyse. Ich frage euch jetzt mal konkret: Was haltet ihr denn von diesem Paar-Test?

Manchmal braucht man nur einen Test, manchmal zwei und manchmal sogar drei für zwei Proben. Beim Standardverfahren braucht man immer zwei Tests für zwei Proben. Wenn man Glück hat, geht's beim Paar-Test schneller und kostet weniger. Wenn man Pech hat, dauert's länger und kostet mehr.

Vielleicht denkt ihr, dass deshalb der Paart-Test im Durchschnitt eigentlich keine Vorteile bringt: Mal braucht man mehr, mal braucht man weniger. Das aber kann man so direkt nicht sagen. Jedenfalls nicht, ohne noch weiter nachzudenken. Ohne zusätzliche Überlegungen lässt sich nicht beurteilen, ob der Paar-Test Vorteile bringt oder nicht. Vielleicht bringt er ja im Durchschnitt sogar Nachteile.

Klar ist, dass der Paar-Test nur manchmal eine Ersparnis bringt, nämlich im Glücksfall, wenn er nur einen Test benötigt. Aber ab und an bringt er auch eine echte Verschlechterung, nämlich dann, wenn drei Tests eingesetzt werden müssen. Drei Tests für zwei Proben ist echt schlecht. Ob das eine oder das andere überwiegt, hängt natürlich von den Wahrscheinlichkeiten p und q ab.

Um festzustellen, ob eine Ersparnis auftritt, muss man mithilfe von p und q ausrechnen, wie viele Tests im Schnitt beim Paar-Test benötigt werden. Abbildung 13.2 hilft dabei.

Die erwartete Anzahl, also der Erwartungswert E der Zahl benötigter Tests, ist das gewichtete Mittel der benötigten Testzahlen. Die Gewichte der drei möglichen Testzahlen sind die Wahrscheinlichkeiten, mit denen sie auftreten. Das sieht dann als Formel so aus:

$$E = q^2 \cdot 1 + qp \cdot 2 + p \cdot 3 = 1 + 3p - p^2.$$

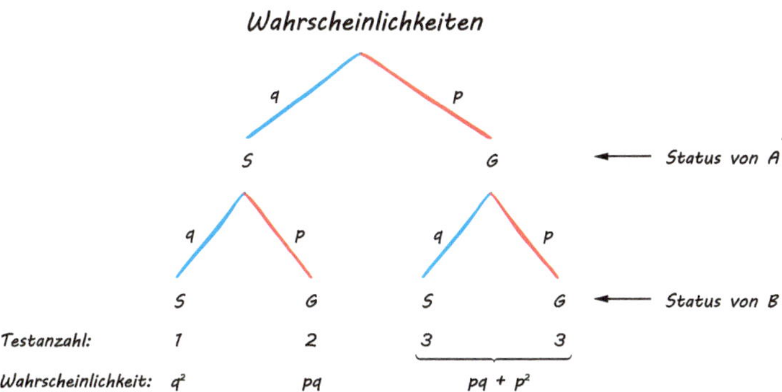

Abb. 13.2 Wahrscheinlichkeiten beim Paar-Test. G bedeutet „Gedopt", S steht für „Sauber"

Zum Glück ist das eine einfache quadratische Gleichung. Eine langfristige Ersparnis gibt es nur, wenn p kleiner als 0,382 ist. Denn nur für diese Werte von p ist der Erwartungswert E kleiner als 2, was ja die Anzahl benötigter Test ist, wenn jede Probe einzeln getestet wird.

Jetzt kommt die langjährige Erfahrung der Mediziner zum Tragen: ihr Wissen, dass etwa 10 % der Dopingproben positiv ausfallen. Dann ist $p = 0,1$. Eingesetzt in die Formel für E liefert das eine erwartete Anzahl von 1,29 Tests pro getestetem Paar, gegenüber immer zwei benötigten Tests beim individuellen Testen. Im Schnitt ist das eine Ersparnis von 0,71 pro zwei Tests, also von etwa 36 %. Nicht schlecht!

Die beiden M-Männer sind happy. Sie setzen fortan nur noch Paar-Tests ein. Am Ende des Monats stellen sie eine Statistik auf über alle Sportler, die sie getestet haben. Es sind insgesamt 600. Tabelle 13.1 schlüsselt nach Testanzahlen auf.

Tab. 13.1 Testanzahlen beim Paar-Test

Anzahl benötigter Tests pro Paar	1	2	3
Prozent der Paare	78	12	10

Die kleine Liste besteht nur aus sechs Zahlen. Von Big Data keine Spur. Aber auch Little Data kann eine Menge aussagen, wenn sie richtig entschlüsselt werden. Man muss sich nur als Daten-Detektiv betätigen. Also los, starten wir den Data-ismus.

Manches liegt auf der Hand: Es wurden 300 Paare getestet, zusammen sind das die $2 \cdot 300 = 600$ Sportler. Bei 234 Paaren war nur ein Test nötig, bei 36 Paaren mussten zwei Tests, und bei 30 Paaren drei Tests gemacht werden. Das errechnet sich aus den Prozentwerten. Demnach waren $234 \cdot 1 + 36 \cdot 2 + 30 \cdot 3 = 396$ Tests nötig für 600 Sportler. Das sind $396/600 = 0{,}66$ Tests im Schnitt pro Sportler. Die Ersparnis beträgt 34 % gegenüber der Ein-Sportler-Ein-Test-Version. Beachtlich, oder?

Das ist aber erst der Anfang der Datenanalyse. Von Data Mining, also Daten-Bergbau, will ich hier gar nicht erst reden. Denn um Bergbau zu betreiben, braucht man natürlich zuallererst einen Berg. Den liefert Tab. 13.1 aber auf keinen Fall. Aber egal, denn man kann an sie trotzdem noch mehr Fragen richten und mit ihrem halben Dutzend Werten beantworten.

Zum Beispiel: Wie viele Sportler hatten eine positive Dopingprobe?

Datendetektivisch können wir das so rauskriegen: Bei den 234 negativen Paar-Tests, war keiner der 468 Sportler gedopt.

Bei den 36 Paar-Tests, in denen zweimal getestet werden musste, war genau ein Sportler gedopt, und zwar der Sportler B im Ablaufdiagramm.

Bei den 30 Paar-Proben, für die sogar drei Tests ins Geschäft gesteckt werden mussten, können von Fall zu Fall jeweils nur ein Sportler (A) oder beide Sportler positive Proben haben. Genauer können wir hier nicht sein.

Aber es reicht immerhin aus, um die Zahl der Dopingsünder einzugrenzen: Die Mindestanzahl gedopter Sportler beträgt $36 + 30 = 66$. Ihre Höchstzahl ist $36 + 2 \cdot 30 = 96$. Die Dopingquote liegt also zwischen $66/600 \cdot 100 = 11\,\%$ und $96/600 \cdot 100 = 16\,\%$.

Das war's noch nicht: Die Daten lassen sich noch weiter erforschen. Ihr seht ein Minibeispiel für eine ausgiebige Datenanalyse von nur sechs Datenwerten. Man kann die Dopingquote nämlich noch etwas genauer schätzen. Die erwartete Anzahl E von Tests pro Paar hatten wir oben als $1 + 3p - p^2$ errechnet. Das ist der Ausdruck für die erwartete Anzahl in Abhängigkeit von der Test-positiv-Wahrscheinlichkeit p. Wenn umgekehrt der Wert E der Anzahl von Tests pro Paar angegeben ist, kann man zurückschließen auf den unbekannten Wert von p.

Die Tabelle der Dopingtester hatte einen mittleren Verbrauch von 0,66 Tests pro Sportler ausgewiesen, also 1,32 Tests pro Sportlerpaar. Diesen Wert benutzen wir als Schätzung für E. Mit ihm kann man eine Gleichung aufstellen:

$$1 + 3p - p^2 = 1{,}32.$$

Das ist wieder eine quadratische Gleichung für p, die in Normalform so aussieht:

$$p^2 - 3p + 0{,}32 = 0.$$

Wie sie zu lösen ist, wird im 8. Schuljahr gelernt. Es gibt zwei Lösungen. Aber p ist eine Wahrscheinlichkeit. Die Lösung, die wir brauchen, muss deshalb zwischen 0 und 1 liegen. Die andere Lösung außerhalb dieses Bereichs können wir gefahrlos vergessen. Die relevante Lösung dieser quadratischen Gleichung ist

$$p = 1{,}5 - \sqrt{1{,}5^2 - 0{,}32} = 0{,}1107.$$

Die aus den Tabellendaten geschätzte Dopingquote liegt also bei 11,1 %.

Uff, auch das wär geschafft.

Die Datenballade endet hier aber noch nicht – wie uns der Erklär-Bär unbedingt, wie könnte es anders sein, erklären will. Und er scharrt schon unruhig mit den Hufen, bzw. tänzelt lebhaft auf den Tatzen.

Erklär-Bär

Als der andere Dopingtester die Story vom Bauersmann beim Pipi-Check hört, überprasselt ihn ein Aha-Erlebnis: „Das bringt mich auf eine Idee", denkt er. „Warum immer nur Paar-Tests machen? Vielleicht kann man bei der berechneten Dopingquote von rund 11 % auch noch etwas Besseres finden. Einen Plan, der noch mehr einspart. Warum nur zwei Proben mischen? Warum nicht die Proben von drei, vier oder noch mehr Sportlern mischen? Nur dürfen es nicht so viele sein, sonst hat man wahrscheinlich immer eine dabei, die positiv ist."

Das ist ein hübscher Gedanke: Gruppen-Screening statt Paar-Screening.

Wir sollten das aber vorher mathematisch durchchecken.

Kurzer Ideen-und-Fakten-Recall: Die Wahrscheinlichkeit, dass eine beliebige Person positiv testet war p, und wir benutzen auch wieder die Abkürzung $q = 1 - p$.

Die Proben von k Leuten werden gepoolt. Wenn eine solche Mischung negativ testet, dann sind alle k Personen sauber, und man ist fertig mit dieser k-Gruppe. Nur ein Test wird gebraucht.

Besser geht's natürlich nicht. Dieses bestmögliche Ereignis tritt mit einer Wahrscheinlichkeit von q^k ein.

Wird einem dieser Glücksfall nicht beschert, müssen alle Proben einzeln getestet werden. Weitere k Tests sind also fällig. Das bringt die Summe auf $k + 1$ Tests für k Personen.

Zu diesem Nicht-Glücksfall kommt es mit einer Wahrscheinlichkeit von $1 - q^k$.

Die erwartete Anzahl von Tests für jede k-Gruppe ist wieder das mit den Wahrscheinlichkeiten gewichtete Mittel der beiden möglichen Anzahlen $k + 1$ und 1:

$$E = q^k \cdot 1 + \left(1 - q^k\right) \cdot (k + 1) = k + 1 - k \cdot q^k.$$

Pro Person werden also bei dieser Art von Gruppen-Screening im Schnitt

$$\frac{E}{k} = 1 + \frac{1}{k} - q^k$$

Tests gebraucht.

Die Formel bestätigt ein Bauchgefühl, das sich auch ohne Mathematik schon eingestellt hatte: Wenn k größer gemacht wird, haben wir immer seltener Glück: und zwar das Glück, nur einen einzigen Test zu benötigen. Ganz einfach weil die Wahrscheinlichkeit, mindestens einen Gedopten zu haben, in größer werdenden Gruppen größer ist.

Wenn k dagegen zu klein ist, wird fast immer nur ein einziger Test nötigt. Das ist zwar ganz okay, aber die Ersparnis ist wegen der zu kleinen Gruppengröße doch ziemlich mäßig. Sie würde bei etwas größeren Gruppen auch zunehmen. Will man die größtmögliche Ersparnis, muss man die bestmögliche Gruppengröße finden. Das leuchtet ein.

Wie aber findet man die?

Mit Optimierungstheorie!

Aber keine Angst jetzt, bitteschön, ich bin ja bei euch. Es ist wirklich nur wenig. Eine kleine Portion angewendet auf die letzte Formel.

Packen wir's gemeinsam an: als betreutes Denken. Die letzte Formel drückt aus, dass die Anzahl benötigter Tests von der Wahrscheinlichkeit p und von der Gruppengröße k abhängt. Der Wert p liegt fest und ist mathematisch nicht beeinflussbar. Die Gruppengröße kann man aber selbst wählen. Es kommt darauf an, bei vorgegebener Auftretenswahrscheinlichkeit p die Gruppengröße k so anzupassen, dass im Mittel so wenige Tests wie möglich benötigt werden. Das leuchtet ein.

Und da haben wir unser Optimierungsproblem: Abhängig von p muss eine natürliche Zahl k gefunden werden, die den Ausdruck E/k minimal macht. Wenn etwas gefunden werden muss und es ein Problem ist, dann ist es ein Suchproblem.

Suchen wir also danach. Aber nicht einfach so drauflos, sondern geschickt: In wichtigen Anwendungen ist p meistens ziemlich klein. Nämlich die Wahrscheinlichkeit von irgendwas Seltenem. Der Gedanke erlaubt eine Vereinfachung der Formel für E/k im Bereich kleiner p-Werte. Und zwar muss die so gemacht werden, dass sich beim Vereinfachen kein allzu großer Fehler einschleicht. Darauf passen wir auf. Hier ist mein Vorschlag:

$$\frac{E}{k} = 1 + \frac{1}{k} - \left(1 - p\right)^{k} \approx 1 + \frac{1}{k} - \left(1 - kp\right) = \frac{1}{k} + kp.$$

Wenn man nämlich $\left(1 - p\right)^{k}$ ausmultipliziert, gibt es einen Haufen von Summanden. Dominierend ist der Ausdruck $1 - kp$. Die anderen Summanden enthalten höhere Potenzen von p und sind sehr klein oder sehr, sehr klein oder noch kleiner. Weil p selbst schon klein ist. Die Vereinfachung, die in der letzten Formelzeile verwendet wurde, tut so, als wären all diese extrem kleinen Summanden gleich null. So wird aus der Potenz einfach der Term $1 - kp$.

Sehen wir uns als Nächstes die vereinfachte Formel genauer an. Denn wir optimieren ja jetzt diese Formel, statt der exakten, komplizierteren. Kurzum: Wir müssen uns dasjenige k schnappen, das die Summe $1/k + kp$ so klein wie möglich werden lässt.

Das sind nur noch zwei Summanden. Und die sind mathematisch sehr unterschiedlich. Zum Beispiel der erste: Wenn der Wert von k groß gemacht wird, ist sein Kehrwert klein. Aber der andere Summand kp ist genau in diesem Fall groß und macht auch die Summe ziemlich groß. Das ist nachteilig.

Derselbe Nachteil passiert auch, nur andersrum, bei den kleinen k-Werten. Dann ist zwar der lineare Summand kp ebenfalls klein, aber der Kehrwert $1/k$ wird unerfreulich aufgebläht und damit auch die Summe. Auch wieder schlecht.

Halten wir fest, dass für zu große oder zu kleine Werte von k jeweils einer der beiden Summanden die Summe dominiert und in die Höhe treibt. Was wiederum bedeutet, dass wir den kleinstmöglichen Wert für die Summe dann kriegen, wenn beide Summanden gleich sind. Nur dann tragen beide gleich stark zur Summe bei, und keiner dominiert den anderen. Ziemlich funky diese Überlegung, oder? Die Ausgewogenheit beider Terme führt zur minimalen Summe. Und die wollen wir erreichen.

Damit haben wir einen Plan. Vor seiner Umsetzung ziehen wir noch einen kleinen Trick aus dem Hut. Eigentlich ist k ja immer eine positive ganze Zahl, aber wir tun einfach so, als ob es irgendeine beliebige Zahl sein könnte.

Nach dem Gedanken über die Ausgewogenheit beider Summanden erhält man das optimale k durch einfaches

Gleichsetzen beider Summanden:

$$\frac{1}{k} = kp.$$

Dann wird diese Gleichung umgestellt zu

$$k^2 = \frac{1}{p}$$

und führt durch Wurzelziehen sofort zur Lösung:

$$k = \frac{1}{\sqrt{p}}.$$

Hier ist wieder zu erinnern, dass k eigentlich ganzzahlig sein muss. Es ist eine Gruppengröße. Deshalb nehmen wir die größere ganze Zahl, die am nächsten beim Kehrwert der Wurzel von p liegt. Darin aber stecken schon zwei Vereinfachungen, die uns möglicherweise von der exakten Lösung entfernen. Schreiben wir die exakte Lösung als k_0 und die Annäherung, die wir eben bekommen haben, als K.

Tabelle 13.2 listet K und k_0 in Abhängigkeit von p auf. Der Näherungswert ist hervorragend. Die Ersparnis ist beträchtlich. Gruppentesten ist klasse. Ich bin ein Fan.

Tab. 13.2   Ersparnisse beim Gruppentesten

p	0,1	0,02	0,01	0,005	0,001
k_0	4	8	11	15	32
K	4	8	10	15	32
Ersparnis bei Wahl von K (in Prozent)	41	73	80	86	94

Werden K-Gruppen getestet, werden pro Person $1 + 1/K - (1-p)^K$ Tests im Schnitt benötigt. Die Ersparnis des K-

Gruppen-Verfahrens beläuft sich also auf

$$\text{Ersparnis} = \left(1 - p\right)^{K} - \frac{1}{K}.$$

Und zum Beispiel für $p = 0{,}001$ bei 32er-Gruppen sind das schon

$$0{,}999^{32} - \frac{1}{32} = 0{,}94 = 94\,\%.$$

Dieses schlaue Gruppenscreening hat sich ein Mathematiker namens Robert Dorfman 1943 ausgedacht. Mit ihm ist das Ende der Fahnenstange aber noch nicht erreicht. Man kann sogar noch schlauer sein: doppelt schlau. Indem man den Dorfman als doppelten Dorfman anwendet, ihn gewissermaßen verschachtelt durchführt.

Es bietet sich an, das so zu machen: Wenn der K-Gruppen-Test positiv ist, müssen alle K Proben einem Einzeltest unterzogen werden. So weit wie gehabt. Das macht man aber nicht gleichzeitig für alle K Proben, sondern nacheinander. Eine nach der anderen. Sobald dabei eine positiv testende Probe auftritt, werden alle noch nicht getesteten Proben wieder zu einer neuen Gesamtheit zusammengefasst, auf die abermals ein K-Gruppen-Verfahren angewendet wird. Und so weiter und immer weiter, bis nur noch eine Probe in der ursprünglichen K-Gruppe nicht getestet ist.

Danke übrigens, Herr Mathe-Hesse für meinen langen Einsatz in diesem Kapitel.

– „No problem!"

Diese intelligenten Verfahren sind nicht nur bei Dopingkontrollen einsetzbar. Auch auf seltene Krankheiten kann man mit diesen mathematischen Ready-Mades hervorragend testen. Gruppenscreening wird zum Beispiel beim ELIZA-Test für den AIDS-Virus HIV angewendet. Das ist ein Bluttest, der es aus biochemischen Gründen erlaubt, bis zu 15 Proben zu vermischen.

Der ELIZA-Test ist indirekt. Er kann nur Antikörper gegen den HIV-Virus nachweisen, nicht aber den Virus selbst. Ein direkter Test ist der Nukleinsäure-Amplifikationstest. Bei diesem NAT-Test kann das Blut von bis zu 48 Personen simultan getestet werden, was eine noch größere Ersparnis erlaubt.

Und das soll's gewesen sein von diesem Denk-Happening.

14

Schneller Warten

Bestärkt das ungute Gefühl, dass mehr fahrende Busse nicht unbedingt weniger Wartezeit an der Bushaltestelle bedeuten. Und begründet, woran das liegt.

Hallo, liebe Leser. Hier spricht Herr K. Ich wende mich direkt an euch, weil ich schon seit längerer Zeit darauf warte, dass der Autor endlich mit diesem Kapitel anfängt. Aber es passiert und passiert nicht. Und wenn ich gerade schon mal eure Aufmerksamkeit habe, will ich nicht verhehlen, dass mir an den Kapitelanfängen von unserem Autor so einiges missfällt. Das muss man ganz anders angehen, viel nachdenklicher und tiefschürfender. Auch das Philosophische darf nicht zu kurz kommen. Wenn ich der Autor wäre und nicht nur, sagen wir mal, der Charakterdarsteller in diesem ganzen Aha-Handbuch, dann würde ich das ganz anders machen. Zum Beispiel jetzt gerade, wo wir auf den Autor warten, kann man doch wunderbar über das Warten philosophieren.

Ich würde das Kapitel so anfangen: „Warten gehört zum Leben dazu. Im Schnitt verbringen wir jeden Tag mindestens eine Stunde mit Warten. Öfter und länger als einem lieb ist, steht man in Warteschlangen oder hängt in Warteschleifen. Und ist man erst mal in so was hineingeraten, dann gibt's nichts anderes, als abzuwarten oder das Warten abzubrechen. Und warten muss man auf allerhand: dass das Wasser auf dem Herd anfängt zu kochen, dass eine Freundin zum Treffpunkt kommt oder ein Kumpel uns fürs Fußballspielen abholt.

Viele schlaue Leute haben sich schon allerlei abwechslungsreiche Gedanken über das Warten gemacht: Es gibt eine Philosophie des Wartenmüssens und eine Psychologie des Wartenlassens. Und auch eine ganze Wissenschaft des Wenigwartens."

Was haltet ihr von einem solchen Einstieg? Gut, gell? Und ich kann sogar lustig und visuell:

Okay, das reicht, Herr K. Sie hatten Ihre Chance. Ihre Kritik an den Kapitelanfängen: Das hat gesessen, in my face. Aber jetzt übernehme ich als Autor wieder die Federführung. Oder nicht so beamtenmäßig ausgedrückt. Ich schreib mein Buch lieber selber weiter.

Denn auch als Mathe-Mensch kann man zum Thema Warten eine Menge sinnvolle Sachen sagen. Mit Easyness. Für Mathe-Macher ist auch das kein niedrig-niveauliches Abtörnthema, im Gegenteil: Die Mathematik hat sogar eine ganze Theorie des Wartens als Teilgebiet der Stochastik in die Wirklichkeit gestemmt. Zwar ist das nicht wirklich die wildeste Mathematik wo gibt, aber immerhin: Sie räumt auf mit ein paar Mythen und Denkfehlern, die in puncto Warten öfter als nicht gemacht werden.

Darauf kommen wir gleich zu sprechen. Schauen wir vorher, was bei unserem Herrn K gerade läuft, nachdem er dieses Kapitel eigenmächtig in Gang gebracht hat.

Ach ja, ich vergaß: Herr K ist wieder auf Dienstreise. Zusammen mit seinem Kollegen Adam Sapfel. Als sie heute früh um 7 auf dem Weg zum Flieger mit ihren Rollköfferchen neben einem selig schlafenden Besoffenen in der U-Bahn saßen, kam bei beiden spontan die Frage auf, ob von den dreien wirklich sie es sind, die alles richtig machen. Doch immerhin: Diesmal hat es sie nicht in irgendein St. Bad Sonstwo am verlängerten Rücken der Welt verschlagen, sondern in eine der interessantesten Städte überhaupt: nämlich nach London. Wir treffen die beiden dort an einer Bushaltestelle. Wartend natürlich.

Einer der Mitwartenden auf dem Bild sieht aus, als sei Warten sein Lebensinhalt. Aus Langeweile kommt Herr K ins Gespräch mit einem anderen Mitwartenden. Er macht ein bisschen Smalltalk. Auch um sein Englisch zu üben. Herr K denkt nämlich, der Mitwartende wäre ein Engländer, aber das ist er nicht. Es ist ein Tourist, Herr Jeh. So kommt es zu folgendem Dialog:

Herr K: „Good day, my Sir! How goes it you?"

Herr Jeh: „Thank you for the afterquestion. It walks so."

Herr K: „Wait you already long here?"

Herr Jeh: „No, first a pair minutes. I wait on the bus to my hotel. I am not out London. I am a visitor."

Herr K: „Thunderweather, that overrushes me, you see not so out."

Herr Jeh: „That can beforecome. But now what other: My hairs stand to mountains as I the traffic saw. I thought, I break together. So much cars. One cannot see the forest for louder trees."

Herr K: „Yes, one has to take oneself in eight."

Herr Jeh: „Shall we drink a beer? My throat is outdried."

Herr K: „That is a good onefall. But I am here for one business meeting. Equal goes it loose. So I can drink a beer with you not. Good luck and on again see!"

Herr Jeh: „That is pity. But I know me here not out. I will go before I get a circle-run-together-break. Auf Wiedersehen!"

Herr K: „Nanu, kommen Sie vielleicht auch aus Deutschland?"

Herr Jeh: „Ja, ich komme aus Deutschland. Da bin ich jetzt aber perplex. Ihr Englisch ist so perfekt, dass mir das gar nicht aufgefallen ist. Besonders auch Ihr Ti-Eitsch."

Nach seiner kurzen Unterhaltung wendet sich Herr K wieder seinem Kollegen zu:

„Hier gibt's gar keinen festen Fahrplan", sagt Herr K. „Da oben steht, dass im Durchschnitt alle zehn Minuten ein Bus kommt."

„Ja, so ist das hier in London", meint sein Kollege. „Wegen der vielen Staus kann man das gar nicht genauer sagen. Deshalb sind feste Abfahrtzeiten nach Fahrplan einfach sinnlos in dieser Stadt mit Verkehrsdauerchaos."

„Verstehe. Nichts Genaues weiß man nicht, aber immerhin doch, wie lange es im Schnitt dauert, bis der nächste

Bus vorfährt. Aber damit kann man ja auch was mit anfangen: Wenn langfristig alle zehn Minuten ein Bus kommt und man zu einer zufälligen Zeit an der Haltestelle eintrifft, dann muss man im Mittel fünf Minuten warten, bis wieder ein Bus da ist. Eben die Hälfte des durchschnittlichen Zeitabstands zwischen aufeinanderfolgenden Bussen, oder?"

„So allgemein kannst du das nicht sagen", meint Adam Sapfel. „Wie lange man auf den nächsten Bus warten muss, kommt nicht nur darauf an, wie viel Zeit von einem Bus bis zum nächsten im Mittel vergeht, sondern auch darauf, wie stark die Zwischenankunftszeiten variieren."

„Mit variieren meinst du sicher die Streuung, nicht wahr? Die Zwischenankunftszeiten könnten nur ganz wenig um ihren Mittelwert streuen. Oder sie könnten streuen wie blöd?"

„Stimmt genau", erwidert Adam Sapfel. „Und kannst du dir vorstellen, wie sich diese Streuung auswirkt auf die Zeit, die man im Schnitt warten muss?"

„Ich überlege gerade", meint Herr K. „Eigentlich dachte ich, dass es nur auf die mittlere Länge der Zwischenankunftszeiten ankommt, aber nicht auf ihre Streuung."

„Nein, so ist es nicht", sagt sein Kollege Sapfel. „Lass es uns gemeinsam überlegen. Wir machen ein Gedankenexperiment: Angenommen, die Busse einer bestimmten Linie fahren exakt alle zehn Minuten von einer bestimmten Haltestelle ab, sagen wir zu allen auf 0 endenden Minuten: 00, 10, 20, 30, 40, 50. Also sechs Busse pro Stunde im selben Abstand.

Ein Fahrgast, der das nicht weiß und zu einem rein zufälligen Zeitpunkt an der Haltestelle aufkreuzt, muss im Mittel fünf Minuten warten. Das ist die Hälfte der Zeitspanne zwischen den Bussen. Das ist ziemlich naheliegend und dürfte klar sein. Wenn die Busse genau alle zehn Minuten kommen, dann variiert da nichts. Streuung ist also gleich null.

Wenn allerdings eine Streuung da ist, dann wird es richtig interessant. Denn es ist paradox, dass die mittlere Wartezeit nicht nur vom mittleren Abstand zwischen den Bussen abhängt. Es kommt auch darauf an, wie viel Streuung um den Mittelwert da ist. Je mehr Streuung, desto länger die mittlere Wartezeit, auch wenn der mittlere Abstand unverändert bleibt. Verstehst du das?"

„Nein! Überhaupt nicht. Das kommt mir ehrlich gesagt spanisch vor."

„Dann checken wir das mal ganz pingelig genau: Angenommen, die Busse kommen immer abwechselnd nach 5 und nach 15 Minuten an der Haltestelle an, sagen wir zu den Zeiten 00, 05, 20, 25, 40, 45. Wieder sechs Busse jede Stunde. Im Schnitt kommen die dann auch wieder alle 10 Minuten. Das bleibt unverändert. Da hat sich nichts getan. Aber mit der durchschnittlichen Wartezeit von dir als Zufalls-Ankömmling passiert jetzt etwas: Kommst du in einem 15-Minuten-Intervall an, musst du im Mittel 7,5 Minuten warten. Wenn du in einem 5-Minuten-Intervall ankommst, dann im Mittel nur 2,5 Minuten. Claro?"

„Ja, das ist gebongt."

„Gut. Aber jetzt machen die meisten Leute einen elenden Denkfehler. Die Busse kommen ja abwechselnd nach 5 und nach 15 Minuten. Würde man aber die gerade erhaltenen Mittelwerte einfach wieder mitteln, um so die durchschnittliche Wartezeit auszurechnen, dann wäre das Ergebnis falsch."

„Aber warum denn, Adam? Der Durchschnitt aus 2,5 Minuten und 7,5 Minuten ist doch 5 Minuten mittlere Wartezeit. Also derselbe Wert wie vorher, als es gar keine Streuung gab. Und das kommt mir irgendwie auch richtig vor.“

„Wirklich? Es kommt einem vielleicht richtig vor, ist es aber trotzdem nicht. Es ist nämlich so, dass die 15-Minuten-Zeitfenster insgesamt 45 Minuten von jeder Stunde ausmachen, die 5-Minuten-Zeitfenster aber nur 15 Minuten. Mit Wahrscheinlichkeit $45/60 = 3/4$ triffst du deshalb während eines langen und mit der verbleibenden Wahrscheinlichkeit von nur $15/60 = 1/4$ während eines kurzen Intervalls ein. Mit diesen Wahrscheinlichkeiten müssen die mittleren Zeitspannen 2,5 und 7,5 Minuten gewichtet werden. Die mittlere Wartezeit ist also nicht das einfache, sondern das etwas kompliziertere gewichtete Mittel

$$\frac{3}{4} \cdot \frac{15}{2} + \frac{1}{4} \cdot \frac{5}{2} = \frac{50}{8} = 6,25.$$

Das ist ein anderes Ergebnis. Dieser Wert ist größer als der halbe mittlere Abstand zwischen zwei Bussen:

$$\frac{7,5 + 2,5}{2} = 5.$$

Ich finde, das leuchtet jetzt ein. Falls noch nicht, kann man das Beispiel auch richtig auf die Spitze treiben. Indem wir die Zeiten ins Extreme puschen.

Dazu nehmen wir an, dass mit Wahrscheinlichkeit von jeweils 1/2 die Busse in zeitlichen Abständen von 0 Minuten, also unmittelbar, oder 20 Minuten aufeinanderfolgen.

Sechs pro Stunde wie gehabt. Auch in diesem Fall beträgt der mittlere Abstand zwischen den Bussen noch 10 Minuten. Aber die mittlere Wartezeit bei zufälligem Ankommen hat sich, wie man sofort sieht, auf 10 Minuten erhöht. Sie ist also genauso groß wie der mittlere Abstand zwischen Bussen. Paradox, nicht wahr?

Das Paradoxe besteht darin, dass der Aufwand für das Busunternehmen bei allen drei Spielarten gleich hoch ist. Es sorgt in allen drei Fällen dafür, dass im Mittel alle 10 Minuten ein Bus an der Haltestelle abfährt. Aber für den Endverbraucher ist die mittlere Wartezeit unterschiedlich. Die Wartezeit hängt davon ab, wie stark die Zeitspannen zwischen Bussen variieren.

Aus dem Bauch heraus schwer zu verstehen, oder? Aber besser kann ich's nicht erklären."

Ein Fall für den Erklär-Bär!

Erklär-Bär

Lasst uns zusammen einen weiteren Anlauf zur Verdeutlichung machen. Noch größer wird die Abweichung vom halben mittleren Abstand zwischen den Bussen, also diesen vorher von euch berechneten 5 Minuten, wenn die Busse jede Stunde zu den Zeiten 00, 02, 04, 06, 08, 10 abfahren. Trifft der Passagier innerhalb der ersten 10 Minuten einer Stunde ein, so wartet er im Mittel nur 1 Minute, ansonsten muss er mit 25 Minuten rechnen. Das gewichtete Mittel dieser Zeiten und damit die mittlere Wartezeit des ankommenden Fahrgastes auf die gesamte Stunde gerechnet ist

$$\frac{10}{60} \cdot 1 + \frac{50}{60} \cdot 25 = 21.$$

Das soll's aber von mir noch nicht gewesen sein. Es gibt noch mehr übers Warten zu erzählen. Das, was eben besprochen wurde, wollen wir jetzt mathematisch festklopfen.

Gehen wir wieder von verschieden langen Zeitspannen zwischen Bussen aus: Sie sollen mit einer bestimmten Streuung um einen bestimmten Mittelwert variieren. Genau gesagt seien sie k Minuten lang mit der Wahrscheinlichkeit

$$\frac{1}{m}\left(1 - \frac{1}{m}\right)^{k-1}$$

für k = 1, 2, 3, … Minuten.

Statistiker nennen das die Geometrische Verteilung mit Parameter $1/m$. Dazu sollte man ein paar Worte sagen. Die Verteilung lässt sich so entstanden denken, dass die Wartezeit W in Einerschritte zerlegt ist und vor jedem kleinen Zeitpaket ein Zufallsexperiment abläuft, das mit Wahrscheinlichkeit $p = 1/m$ einen Erfolg liefert (wobei Erfolg bedeutet, dass der Bus am Ende der Zeiteinheit ankommt) und mit Wahrscheinlichkeit $1 - p = 1 - 1/m$ einen Misserfolg (Bus kommt nicht am Ende der Zeiteinheit).

Dann erhalten wir die mittlere Wartezeit $E\,(W)$ mit dieser Überlegung: Offensichtlich ist die Wartezeit W gleich der Anzahl der durchgeführten unabhängigen Zufallsexperimente bis zum ersten Erfolg.

Jetzt kommt eine ziemlich schlaue Idee: Um die umzusetzen, sehen wir uns das allererste Zufallsexperiment an. Falls es einen Erfolg bringt, haben wir $W = 1$ und eine weitere Wartezeit gibt's nicht, sie ist 0.

Falls das erste Experiment in einem Misserfolg endet, besteht am Ende des ersten Zeitintervalls noch die Wartezeit W'. Toll und wichtig ist, dass dieses W' genau denselben Erwartungswert wie W hat. Dann können wir mit einer Gewichtung dieser beiden Fälle zu einer Gleichung für die mittlere Wartezeit kommen:

$$E\,(W) = 1 + p \cdot 0 + (1 - p) \cdot E\,(W').$$

Aus dieser Formel ergibt sich wegen der Gleichheit $E(W) = E(W')$ der beiden Erwartungswerte ganz leicht die Lösung:

$$E(W) = \frac{1}{p} = m.$$

Bei der Varianz läuft der Hase im Prinzip so ähnlich. Einen Tick einfacher wird der Lauf der Dinge, wenn wir statt W mit der leicht veränderten Größe $X = W - 1$ weiterrechnen. Die hat natürlich dieselbe Varianz wie W. Ihr Erwartungswert ist

$$E(X) = 1/p - 1.$$

Schreiben wir außerdem noch B für eine weitere zufallsabhängige Variable, die den Wert 0 hat, wenn das erste Zufallsexperiment mit einem Erfolg endet, und andernfalls den Wert 1 hat. Hübsch ist dann die Gleichung $B = B^2$, und für die Erwartungswerte sind wir sofort bei $E(B^2) = E(B) = 1 - p$.

Und we are in business: Aus ähnlichen Gründen wie oben bei der Berechnung von $E(W)$ mithilfe von W' starten wir jetzt mit

$$X = B \cdot (1 + X')$$

und quadrieren beide Seiten:

$$X^2 = B^2 \cdot (1 + X')^2.$$

Na, wunderbar. Denn diese Gleichung liefert

$$E(X^2) = E(B^2) \cdot E\left[(1 + X')^2\right]$$
$$= E(B) \cdot \left[1 + 2 \cdot E(X) + E(X^2)\right]$$

und durch Umstellen und Einsetzen ist man schnell bei

$$E(X^2) = \frac{E(B) \cdot [1 + 2 \cdot E(X)]}{1 - E(B)} = \frac{(1-p) \cdot (2-p)}{p^2}.$$

Hieraus ergibt sich:

$$Var\,(X) = E\left(X^2\right) - [E\,(X)]^2 = \frac{1-p}{p^2} = m^2 - m.$$

Das wäre geschafft. Jetzt habe ich erst mal eine Frage an euch: Mit welcher Wartezeit muss denn bei geometrisch verteilten Zeitspannen zwischen Bussen ein rein zufällig eintreffender Bus-Mitfahr-Williger („BMW") rechnen?

Wenn das Zeitintervall zwischen zwei Bussen, in dem der BMW eintrifft, bekannt wäre, dann liegt seine mittlere Wartezeit bei der halben Intervall-Länge. Also bei der Hälfte von m.

Weiß man nicht, in welchem Intervall der BMW ankommt, weiß man immerhin von der Diskussion oben, dass der Zufallszeitpunkt seines Kommens mit größerer Wahrscheinlichkeit in ein längeres Intervall fällt als in ein kürzeres. Das Diagramm in Abb. 14.1 verdeutlicht, wie sich die Wartezeit verhält. Es sagt viel auf einmal.

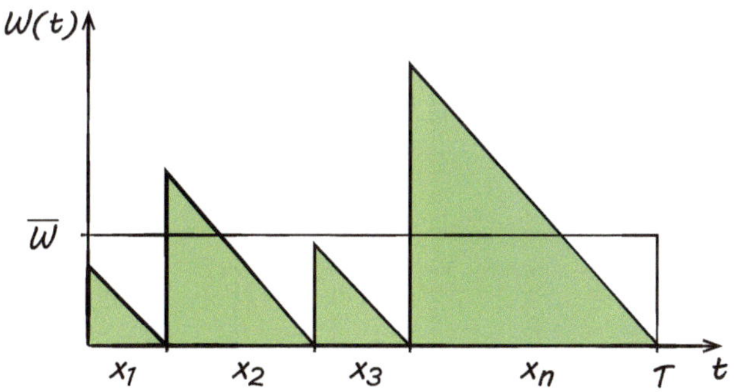

Abb. 14.1 Das Zickzackdiagramm der Wartezeiten

In diesem Bild ist x_1 die Zeit bis zur Abfahrt des ersten Busses, x_2 die Zeit vom ersten bis zum zweiten Bus, und so weiter.

Auch enthalten ist die mittlere Wartezeit $\overline{W}$. Sie ist der Mittelwert der Wartezeit-Funktion $W(t)$, die Sägezahngestalt hat. Ihre Sägezähne kommen dadurch zustande, weil in einem Intervall der Länge x_k die Wartezeit bis zum nächsten Bus geradlinig von x_k Minuten auf 0 fällt.

Die Sägezahnzacken sind rechtwinklige und gleichseitige Dreiecke mit zwei Katheten der Länge x_k. Die Fläche aller Dreiecke ist die Gesamtwartezeit. Wird diese Fläche über die ersten n Wartezeit-Intervalle gemittelt, also über die Zeit $x_1 + x_2 + \ldots + x_n = T$, kommt man zur mittleren Wartezeit

$$\frac{\left(x_1^2 + x_2^2 + \ldots + x_n^2\right)/2}{x_1 + x_2 + \ldots + x_n} = \frac{1}{2} \frac{\left(x_1^2 + x_2^2 + \ldots + x_n^2\right)/n}{\left(x_1 + x_2 + \ldots + x_n\right)/n}.$$

Ein cooler Bruch.

In seinem Nenner steckt das Stichprobenmittel $\overline{m}$ aller n Wartezeiten. Langfristig, wenn es davon immer mehr gibt, nähert sich dieser Nenner mehr und mehr dem theoretischen Mittel der Wartezeiten-Verteilung an. Also dem Wert m.

Der Zähler des Bruches enthält auch etwas Bekanntes: Es ist das Stichprobenmittel der n quadrierten Wartezeiten. Das wiederum kann man schreiben als Summe aus der Varianz der x_k und deren quadriertem Mittel $\overline{m}^2$:

$$\frac{1}{n} \sum_{k=1}^{n} (x_k - \overline{m})^2 + \overline{m}^2.$$

Für größer werdende Anzahlen n ist das annähernd die Summe aus Varianz s^2 und quadriertem Mittel m^2 der Wartezeit-Verteilung. Insgesamt nähert sich die mittlere Wartezeit also dem Wert

$$\frac{m}{2} + \frac{s^2}{2m}.$$

Für geometrisch verteilte Wartezeiten ist die Varianz s^2 gleich $m^2 - m \approx m^2$. Die mittlere Wartezeit ist also bei rein zufälliger Ankunft im Intervall von 0 bis T gleich m. Und aus Symmetriegründen ist die Zeitspanne, die zum Zeitpunkt der Zufallsankunft seit dem letzten Bus vergangen ist, ebenfalls m Minuten lang.

Kurios, oder?

Ja, ja! Denn unsere Rechnung hat ergeben, dass die mittlere Wartezeit eines zufällig ankommenden Fahrgastes um $m/2$ länger ist als die halbe Zeitspanne zwischen den Bussen im Mittel. Bei geometrischen Wartezeiten verdoppelt das diesen Wert.

Bei Bussen, die in regelmäßigem Takt an der Bushaltestelle ankommen, verschwindet der zusätzliche Summand, weil die Varianz dann 0 ist.

Das heißt im Klartext mit lyrischem Touch fürs Poesiealbum aufgeschrieben: Die Intervalle zwischen den Ankunftszeiten haben eine mittlere Länge $m/2$. Doch wenn wir willkürlich an der Bushaltestelle eintreffen, ist das Intervall, in dem wir uns befinden, doppelt so lang.

Das war's erst mal wieder von mir.

Danke sehr dem Erklär-Bär für die tolle Beschreibung dieser doch ziemlich erstaunlichen Tatsache.

Die lädt natürlich zum Philosophieren ein. Und diese Selbsteinladung nehme ich auch sofort an, bevor Herr K irgendwann wieder aus seiner Meckerecke auftaucht und diesem Buch mangelnde philosophische Tiefgründigkeit vorhält. Die Kritik von eben hat schon gesessen.

Vor dem Kapitelschluss sollen deshalb ein paar nicht flüchtige Vorschluss-Sätze zur Philosophie stehen. Der

Erklär-Bär hat es klar erklärt: Allein dadurch, dass wir an der Haltestelle ankommen, verzerren wir die Wartezeit-Situation zu unserem eigenen Nachteil. Es liegt daran, dass wir durch zufälliges Ankommen eine längenverfälschte Auswahl treffen. Es ist offensichtlich wahrscheinlicher, während eines längeren Intervalls anzukommen als während eines kürzeren. Das ist es genau, was mit Längenverzerrung gemeint ist.

Die tritt übrigens nicht selten auf. Im Gegenteil: Das Leben ist voll von solchen Verzerrungen. Wenn ihr irgendwo in einen Stau geratet oder am Postschalter in der Schlange steht, sind beide höchstwahrscheinlich überdurchschnittlich lang. Kurze Staus und kurze Warteschlangen sind nämlich allermeistens so schnell wieder verschwunden, dass eure Wahrscheinlichkeit hineinzugeraten sehr klein ist.

Zum Glück wirkt sich diese Verzerrung der Welt nicht immer zu unserem Nachteil aus. Manchmal ist es auch gut, wenn man als Zufalls-Umherschweifender im Zeitgeschehen mit größerer Wahrscheinlichkeit in einen längeren Ablauf und mit kleinerer Wahrscheinlichkeit in einen kürzeren hineintappt: Euer MP3-Player wird länger funktionieren, als solche Geräte das im Schnitt tun. Genauso leben im Schnitt die Reifen an eurem Fahrrad und die Glühbirne in eurem Zimmer länger. Und wichtiger noch: die Freundschaften, die ihr habt. Und eure Eltern.

Wir alle, ihr und ich, erleben nicht die reale Welt, sondern eine durch Zufälliges gedehnte und letztlich subjektiv verzeichnete Welt. Sie ist dadurch verfälscht, dass jeder von uns eine größere Wahrscheinlichkeit hat – einfach indem wir am Leben teilnehmen –, in längere Abläufe hineinzugeraten als in kürzere, schlankere, schmalere und flüchtigere.

Wenn es auch dazu führt, dass wir so manches kurzlebige, schnell vergängliche, zierliche verpassen, lasst es uns trotzdem positiv sehen. Nicht zuletzt und ultimativ bedeutet es auch für uns, dass wir erwarten können, überdurchschnittlich lange zu leben. Denn die ganz jung gestorbenen, die den Durchschnitt nach unten ziehen, sind jetzt und hier schon nicht mehr mit dabei.

15

Lügen ehrliche Zahlen manchmal auch?

Demonstriert, dass einen auch astrein makellose Daten manchmal beschwindeln wollen. Und wie man das durchschauen kann.

Herr K hat einen guten Job in der Industrie. Bei der Pharmafirma Pills-4-U arbeitet er in der Marketingabteilung. Die Firma entwickelt neue Medikamente und verkauft die dann. Dass möglichst viel verkauft wird, dafür ist letztendlich auch Herr K zuständig.

Die Firma ist „breit aufgestellt", wie man in dieser Branche so schön sagt: Für jede gewünschte Wirkung und gegen jede unerwünschte Nebenwirkung hat die Firma etwas im Sortiment. Ihr aktueller Renner ist das Haarwuchsmittel Glatzofix, für das Herr K den poetischen Werbeslogan geschrieben hat. Unterbrechen wir also kurz für eine Lyrik-Durchsage:

© Springer-Verlag Berlin Heidelberg 2016
C.H. Hesse, *Der SchnellerSchlauerMacher für Zufall und Statistik,*
DOI 10.1007/978-3-662-47120-3_15

Wenn Sie eine Glatze haben,
aber lieber Haare tragen,
nehmen Sie doch Glatzofix,
unseren ganz besonderen Mix.
Und in Nullkommanix
ist die Haarpracht fertig und fix.

„Wenn man's genau nimmt", meint Herr K etwas altklug, „hat eigentlich jeder eine Glatze, nur manche haben noch Haare drauf." Kein schlechter Spruch eigentlich. Nämlich gut geeignet, um beim Erstbesuch beim neuen Friseur eine intellektuelle Duftmarke zu setzen. Oder das Eis zu brechen.

Aber weichen wir nicht zu lange vom Thema ab.

Glatzofix wirkt. Das, was es tun soll, lässt es nicht bleiben. Sondern macht es sogar ziemlich gut. Aber es macht auch noch etwas anderes, das es besser nicht tun sollte. Als blöde Nebenwirkung nämlich gibt's im Schnitt in e von π Fällen eine Trommelfell-Schung. Pills-4-U aber wäre nicht der Pharmagigant, der er ist, hätte man nicht auch für die Nebenwirkung von Glatzofix ein Gegenmittel parat – und für die Nebenwirkung des Gegenmittels von Glatzofix ein Gegenmittel und für die Nebenwirkung des Gegenmittels für die Nebenwirkung des Gegenmittels von Glatzofix ein Gegenmittel und …

(für die Nebenwirkung des Gegenmittels)^k von Glatzofix ein Gegenmittel.

Der Exponent k ist für die Firma Pills-4-U ziemlich groß, was für die Breite ihres Angebots spricht.

Pills-4-U hat momentan ein Medikament in der Entwicklung, das beim Käufer eventuell eintretende Verstimmungen gegen die hohen Preise bei Medikamenten beseitigen soll. Leider hat es selbst einen hohen Preis und löste in ersten Feldversuchen bei seiner Anwendung, Wieder-Anwendung und Wieder-Wieder-Anwendung eine sich selbst verstärkende Kettenreaktion bis hin zur Verstimmungsexplosion beim Käufer und Wiederkäufer aus. Deshalb konnte von der Arzneimittelprüfstelle bisher keine Genehmigung zur Markteinführung erhalten werden.

Besser läuft dagegen die Entwicklung eines Heilwässerchens gegen Anal-Phabetismus bei Sitz-Anomalie.

Vor der Markteinführung muss dieses Wässerchen nur noch mit einer Kontrollstudie getestet werden. Dafür werden 112 gleich stark erkrankte Personen ausgewählt. 56 sind Frauen, und 56 sind Männer. Einige Versuchspersonen nahmen das neue Medikament Analotox gegen die Krankheit ein, andere das in der Vergangenheit erfolgreichste Mittel Banalobox.

Herr K will einen Arzt aus der Nachbarschaft beauftragen, die Studie durchzuführen. Vorab überlegt er, ihn zu sich nach Hause einzuladen, um diesbezüglich noch ein paar Takte mit ihm zu reden. Gedacht, gemacht. Vor ein paar Tagen hat er ihm eine Einladungskarte für ein Get-together direkt in die Praxis geschickt.

Als der Arzt die Karte erhält, ist er gerade ziemlich im Stress, irgendwo zwischen Diagnose und Therapie. Über die Einladung freut er sich und nimmt sie gerne an. Er kritzelt seine Antwort mit ein paar netten Worten schnell auf einen Rezeptblock, gibt ihn der Arzthelferin, die den Zettel ein-tütet und ihn per Snailmail an Herrn K zurückschickt.

Herr K kann leider nicht entziffern, was auf dem Re-zeptzettel geschrieben steht, weil der Arzt eine Sauklaue hat. Doch er hat immerhin eine brillante Idee, auf die er stolz ist. Herr K weiß, dass alte Apotheker wegen jahrelanger Erfah-rung die besten Decodierer von ärztlichen Kritzeleien sind. Beim nächsten Gang in die Apotheke nimmt er den Rezept-zettel mit und reicht ihn dem Apotheker mit den Worten: „Können Sie das vielleicht lesen?"

Der Apotheker sieht sich die Schrift an, geht nach hinten und kommt schließlich mit einer großen Packung Plazebo-nix zurück:

Und eine Moral von der Geschichte gibt es auch noch:
Handschrift ist Glücksache.

Aber wir sind wieder abgeschweift. Denn ich wollte euch
eigentlich von einer Studie erzählen. Speziell den Ergebnissen einer Studie. Hier sind sie.

Bei 4 von 16 Männern (also 25 %), die das Medikament
Analotox genommen hatten, trat Besserung ein. Auch bei
11 von 40 Männern (28 %), die mit Banalobox behandelt
wurden.

Bei 29 von 40 Frauen (73 %), die das Medikament Analotox genommen hatten, trat Besserung ein. Auch bei 12
von 16 Frauen (75 %), die mit Banalobox behandelt wurden.

Das sind die nackten Fakten. Alles ehrliche Zahlen. Wie sind sie zu bewerten?

Was einen natürlich interessiert, ist: Welches Medikament ist besser?

Fasst man die Zahlen zusammen, ergibt sich unschwer, dass bei $4 + 29 = 33$ von 56 (also 59 %) der mit Analotox behandelten Patienten Besserung eintrat, aber nur bei $11 + 12 = 23$ von 56 (also 41 %) der mit Banalobox behandelten Patienten. Dabei haben wir nichts Daten-Illegales gemacht. Wir haben nur die Behandlungsergebnisse für Männer und Frauen addiert.

Das Pharmaunternehmen Pills-4-U wertet dieses Ergebnis natürlich als großen Erfolg für sein hauseigenes Medikament und benutzt die obige Aussage in seiner Werbung mit der Überschrift: „Analotox schlägt Banalobox."

So, so. Für Analotox sieht das ja auch alles prima, cool und senkrecht aus. Auf den ersten Blick jedenfalls. Aber die Ergebnisse der Studie haben auch etwas Irritierendes. Schaut man sich die Gruppen der Männer und Frauen nämlich getrennt an, erkennt man, dass sowohl bei den Frauen als auch bei den Männern die Heilungsquoten bei Behandlung mit Analotox gegenüber Banalobox niedriger sind. Bei den Männern 25 % gegenüber 28 %, bei den Frauen 73 % gegenüber 75 %.

Seltsam.

Noch stranger than life wird's, wenn man ein paar Schlüsse daraus zieht. Die gültigen Schlussfolgerungen können dann wohl nur diese sein:

Bist du eine Frau, nimm Banalobox.
Bist du ein Mann, nimm Banalobox.
Bist du ein Mensch (= Frau oder Mann), nimm Analotox.
Ergebnis? Leider keins!
Eher schon die große Verwirrung.

Was geht hier vor? Belügen uns die Zahlen? Oder verwirren sie uns nur? Haben wir einen Fehler gemacht? Oder hat gar die Wirklichkeit selbst einen gemacht?

Die Frage ist jedenfalls: Wie ist das neue Medikament Analotox einzuschätzen? Ist es besser, ist es schlechter als Banalobox?

Das ist doch eine glasklare, eindeutige Frage, die auch eine eindeutige Antwort haben sollte!

Was denkt ihr?

Wollt und könnt ihr mir das erklären, oder wollt ihr lieber für einen Tag bei Aldi das Ketchupregal betreuen?

Wir brauchen den Erklär-Bär.

Erklär-Bär

Das, was geschah, ist ganz einfach. Ein simples Experiment wurde durchgeführt, um festzustellen, welches von zwei Dingen besser ist. So oder so ähnlich kommt das tagtäglich immer wieder vor: Ist der eine Schüler besser oder der andere? Ist ein Laden billiger oder ein anderer? Doch die Deutung der anfallenden Daten kann alles andere als einfach sein. Im Medikamentenbeispiel ist sie jedenfalls ziemlich subtil.

Um zu verstehen, was hier los ist, welches Medikament besser ist, muss man die Wechselwirkungen beachten. Und zwar unter den Variablen, die hier relevant sind. Es sind die drei Variablen Geschlecht der Versuchspersonen, Heilungsquoten beider Medikamente, Einnahmeanteile in den Gruppen.

Die Variable *Geschlecht* beeinflusst nämlich die anderen beiden Variablen. Sowohl die Heilungsquoten als auch die Einnahmeanteile der Medikamente hängen vom Geschlecht ab: Bei den Frauen sind die Heilungsquoten wesentlich höher als bei den Männern. Auch ist der Einnahmeanteil von Analotox bei den Frauen viel größer als bei den Männern.

Wegen dieser Unterschiede ist es nötig, die Variable Geschlecht bei der Beurteilung zu kontrollieren. Kontrollieren heißt: Man muss sich die Ergebnisse getrennt ansehen für jeden der möglichen Fälle der Variable, die kontrolliert wird. Also hier getrennt für Männer und für Frauen. Genauso, wie man auch nicht immer Äpfel und Birnen einfach zu Obst zusammenwerfen kann.

Man muss die Variable Geschlecht hier deshalb kontrollieren, weil eine Datenzusammenfassung über die möglichen Klassen dieser Variablen hinweg die wahren Beziehungen verwischen oder verfälschen kann. Und tatsächlich passiert in diesem Beispiel ja genau dies: eine Verfälschung.

Was also ist jetzt das Ergebnis?

Antwort: Die für Männer und Frauen getrennt gemachten Aussagen über die Wirksamkeiten der Medikamente sind richtig. Bei beiden Geschlechtern schneidet das neue Medikament schlechter ab als das alte: Banalobox ist besser!

Nach dieser Schluss-Offensive vom Erklär-Bär kommt jetzt recht abrupt von mir der Schluss: Das Statement in der Werbung von Pills-4-U führt uns in die Irre und sagt nichts über die tiefere und wahre Qualität beziehungsweise den Mangel an Qualität von Analotox aus. Die Aussage ist nur formal richtig errechnet, inhaltlich aber falsch gedeutet. Die Werbung belügt uns mit der Wahrheit!

16
Von Wichteln bis Weltkrieg

Berechnet die Wahrscheinlichkeit, dass beim Wichteln jemand sein eigenes Geschenk zurückbekommt. Und warum solche Selbstbewichtelungen und ihr Gegenteil den Zweiten Weltkrieg entschieden haben.

Hic und nun auch nunc zeige ich euch von meiner Splitterliste einen Gedankensplitter, zu dem mich einst die „o so seelige, gnadenbringende Weihnachtszeit" animiert hat. Weihnachten hat eine Menge Bräuche. Zum Beispiel das Wichteln.

Kennt ihr Wichteln?

Eine Gruppe von Leuten tauscht Geschenke nach dem Zufallsprinzip aus. Jeder bringt was mit, und jeder kriegt auch wieder was raus. Mathe-Menschen nennen das dann Permutation. Die Mitbringsel werden auf die Mitbringer permutiert. Das, was jeder kriegt, wird ausgelost.

© Springer-Verlag Berlin Heidelberg 2016
C.H. Hesse, *Der SchnellerSchlauerMacher für Zufall und Statistik*,
DOI 10.1007/978-3-662-47120-3_16

Unschön, weil unspannend ist natürlich, wenn jemand sein mitgebrachtes Etwas selbst wieder zugelost bekommt. Dann „befriedigt" man mit seinem „schönen" Geschenk nicht jemand anderes, sondern sich selbst. Dafür gibt's noch kein Wort. Jedenfalls nicht, wenn's ums Wichteln geht. Deshalb nennen wir es einfach „Selbstbewichtelung". Aber wir sind hier nicht als Sprachbuch unterwegs, deshalb ist das nur in zweiter Linie wichtig. Aber es ist gut, ein griffiges Wort dafür zu haben.

Wichtiger für uns ist die Frage: Wie wahrscheinlich sind solche Selbstbewichtelungen eigentlich?

Um ein Gefühl dafür zu kriegen, überlegen wir uns das erst mal für eine Vierergruppe. Zum Beispiel eine kleine glückliche Familie aus Vater, Mutter und den Kindern Ali und Baba. Jeder hat ein Geschenk besorgt. Wie viele Zuordnungen gibt es, und bei wie vielen davon wird mindestens einer selbstbewichtelt?

Zählen wir also: a one, a two, a one two three. Oder noch besser. Überlegen wir es uns kombinatorisch: Beim Verlosen kann jeder der vier das vom Vater beigesteuerte Geschenk zugelost bekommen. Ist das vergeben, gibt es noch drei Möglichkeiten für die Zuteilung des Geschenks der Mutter, zwei für Alis Geschenk und eine für Babas: Das sind $4 \cdot 3 \cdot 2 \cdot 1 = 24$ verschiedene Zuordnungen der Geschenke. Die Info brauchen wir später, um einen Anteil und eine Wahrscheinlichkeit zu errechnen.

Okay soweit, dann Anschlussfrage: Bei wie vielen von allen Zufalls-Zuordnungen erhält mindestens einer sein eigenes Geschenk zurück?

Das ist nicht ganz so leicht abzuzählen. Weil es mehrere Möglichkeiten lässt: Nur einer bewichtelt sich selbst, oder zwei bewichteln sich selbst oder noch mehr. In solchen Fällen ist es immer leichter, zum Gegenteil überzugehen. Tun wir das auch hier.

Was ist also das Gegenteil von: Mindestens einer bewichtelt sich selbst?

Die Antwort ist natürlich: Keiner bewichtelt sich selbst.

Das ist leichter, weil man nur eine einzige Möglichkeit untersuchen muss. Nämlich, dass jeder etwas anderes erhält als er beigesteuert hat.

Berechnen wir also erst mal diese Anzahl. Und gehen dann wieder zurück. Dorthin zurück, von wo wir herkamen. Nämlich wieder zum Gegenteil des Gegenteils.

Mal angenommen, das Geschenk vom Vater geht an – in unserem Slang gesagt: der Vater bewichtelt – die Mutter. Dann gibt es zwei Fälle: Wenn die Mutter umgekehrt den Vater bewichtelt, müssen die beiden Kinder sich ebenfalls über Kreuz bewichteln. Dafür gibt es nur eine Möglichkeit.

Oder die Mutter bewichtelt den Vater *nicht*. Dann müssen die Aufteilungen gezählt werden, wo die Mutter nicht den Vater und kein Kind sich selbst bewichtelt. Dafür gibt es zwei Möglichkeiten, je nachdem, von welchem der beiden Kinder der Vater das Geschenk bekommt. Insgesamt sind das drei Möglichkeiten.

Falls der Vater nicht die Mutter bewichtelt, sondern eines der beiden Kinder, ergibt sich mit demselben Argument dieselbe Anzahl von wiederum je drei. Damit ist jeder Fall abgedeckt. Alles in allem sind das 9 Aufteilungen *ohne* Selbstbewichtelungen. Von insgesamt 24. Anteilsmäßig also 9/24. Das ist ungefähr ein Drittel.

Überraschend ist, dass es doch so viele sind. Noch interessanter aber ist, dass sich ungefähr derselbe Wert von 1/3 für jede Anzahl von Wichteln ergibt, selbst wenn 1000 Leute oder noch mehr mitwichteln,

Jetzt überlegen wir das mal allgemeiner: für nicht nur 4, sondern n Wichtel und n mitgebrachte Wichteleien. Die sind irgendwie durchnummeriert und stehen auf exakt genauso durchnummerierten Positionen. Jetzt werden die Wichtelobjekte durchgemischt. Dann bekommen wir wieder eine Permutation.

Unsere Neugier gilt der Frage: Wie viele solcher Permutationen gibt es, bei denen nach dem Durchschütteln kein Objekt mehr auf derselben Stelle wie vor dem Durchschütteln steht? Nennen wir das mal *vollständig durchgeschüttelt* zu sein.

Alle sollen woanders hingeschüttelt werden. Die gesuchte Antwort nennen wir d_n.

Sie zu finden, geht am einfachsten wieder Step by Step: Für Objekt 1 stehen nach dem Schütteln $n - 1$ Positionen zur Verfügung. Es darf ja nicht auf Position 1 bleiben, wegen unserer Voraussetzung. Das gibt uns also $n - 1$ Möglichkeiten. Und für jede dieser Möglichkeiten gibt es eine bestimmte Anzahl von Möglichkeiten für die restlichen Objekte. Und zwar für jede dieser $n - 1$ Möglichkeiten immer die gleiche Anzahl von Möglichkeiten für die restlichen Objekte. Weil alle $n - 1$ Möglichkeiten gleichwertig sind.

Es ist demnach erlaubt zu schreiben, dass

$$d_n = (n - 1) \cdot \text{(irgendwas Ganzzahliges)}$$

ist. Das ist noch nicht viel, aber darauf kann man gut aufbauen.

Und auf diese Weise geht's weiter: Jetzt mit etwas höherem Zoom.

Nehmen wir mal an, dass Objekt 1 auf Position k geraten ist. Dann gibt es jetzt an dieser Stelle zwei Denkfälle zu unterscheiden:

1. Objekt k geht umgekehrt auf Position 1. Objekt 1 und k haben also die Plätze getauscht. Dann bleiben für die übrigen $n-2$ Objekte noch d_{n-2} verschiedene Möglichkeiten, sie vollständig durcheinanderzuschütteln. Das merken wir uns.

2. Objekt k geht *nicht* auf Position 1. Dann sind $n-1$ Objekte so angeordnet, dass es für jedes dieser Objekte genau eine Tabu-Position gibt: Objekt k kann nicht nach Position 1 gehen, und jedes andere Objekt i ab $i = 2$ kann nicht nach Position i wandern. Die Anzahl verschiedener Möglichkeiten ist deshalb dieselbe wie beim vollständigen Durchschütteln von $n - 1$ Objekten, also gleich d_{n-1}.

Die beiden Fallzahlen darf man addieren: Ist Objekt 1 irgendwo gelandet, auf irgendeinem Platz, ganz egal, welcher

Platz das außer dem ersten ist, so bestehen immer $d_{n-2} + d_{n-1}$ Möglichkeiten, die anderen Objekte so unterzubringen, dass keins an seinem Platz bleibt. Damit ist das unbestimmte „irgendetwas" in der obigen Gleichung jetzt auch genau ausgerechnet. Die ganze Plackerei hat uns diese Formel beschert:

$$d_n = (n - 1)\left(d_{n-1} + d_{n-2}\right).$$

Ein paar simple Anfangswerte kann man auch ohne große Klimmzüge kriegen:

$$d_1 = 0, d_2 = 1.$$

So. Jetzt haben wir es also bis zu diesen Gleichungen geschafft. Was lässt sich damit anfangen?

Man könnte natürlich mit der ersten Gleichung und den beiden Anfangswerten d_1 und d_2 als Nächstes d_3 ausrechnen, dann damit und mit d_2 den nächsten Wert d_4. Und so weiter. Das ist aber ziemlich mühsam und macht keinen richtigen Spaß, Appetit auf mehr schon gar nicht. Es ist die Zu-Fuß-Methode: immer einen Schritt weiter. Stellt euch vor, ihr sollt d_{1000} damit ausrechnen: Wochenendbeschäftigung oder vielleicht sogar was für einen langen Winter. Wir brauchen eine Idee wie der kleine Gauß sie hatte, der die Zahlen von 1 bis 100 in der Schule addieren sollte.

Wir versuchen also etwas anderes.

Als Erstes stellen wir die Gleichung mal um:

$$(d_n - nd_{n-1}) = -\left[d_{n-1} - (n - 1)\,d_{n-2}\right].$$

Und wir warten auf eine Eingebung. Da ist sie auch schon: Die letzte Gleichung beinhaltet, dass der Term $d_n - nd_{n-1}$ für benachbarte Indizes n immer nur sein Vorzeichen ändert. Weil aber $d_2 = 1$ ist, kann der erwähnte Term für alle Indizes immer nur entweder $+1$ oder -1 sein:

$$d_n - nd_{n-1} = (-1)^n .$$

Nach Umordnen und Division durch $n!$ kommt man an bei

$$\frac{d_n}{n!} = \frac{d_{n-1}}{(n-1)!} + \frac{(-1)^n}{n!} .$$

Schon ganz gut so weit, aber wie geht's weiter? Mit der nächsten guten Idee! Diese Gleichung kann wieder und wieder auf sich selbst angewendet werden. Wird das oft genug veranstaltet, verschwindet der Term mit d_{n-1} auf der rechten Seite ganz.

Das ist gut, denn der störte nicht wenig. Viel geschmeidiger ist das, was die mehrmalige Selbstanwendung schließlich ergibt:

$$\frac{d_n}{n!} = \frac{1}{2!} - \frac{1}{3!} + \frac{1}{4!} - \frac{1}{5!} + \ldots + \frac{(-1)^n}{n!} .$$

Samma z'friede'?

Ja, zufrieden!

Dabei könnte man es belassen, doch die Optik wird noch einen Tick schöner, wenn man hier die Tatsache $\frac{1}{0!} - \frac{1}{1!} = 0$ einspielt. Das Endprodukt ist fesch und kann sich sehen lassen:

$$d_n =$$

$$n! \left(\frac{1}{0!} - \frac{1}{1!} + \frac{1}{2!} - \frac{1}{3!} + \frac{1}{4!} - \frac{1}{5!} + \ldots + \frac{(-1)^n}{n!} \right).$$

Die große Klammer hat für $n = 5$ den Wert 0,37 und nähert sich für größer werdende n immer mehr dem Kehrwert der Euler'schen Zahl an, also der Zahl $e^{-1} = 0{,}367879$.

Wird jetzt noch in das Endprodukt eingebaut, dass es insgesamt $n!$ verschiedene Permutationen von n Elementen gibt, dann zieht sich das Fazit fast von selbst. Es kann nur lauten: Eine rein zufällig ausgewählte Permutation hat keine Selbstbewichtelungen – Mathematiker nennen sie dann fixpunktfrei – mit der Wahrscheinlichkeit

$$\frac{d_n}{n!} \approx \frac{1}{e} \approx 0{,}37.$$

Im Umkehrschluss hat die große Mehrheit von 63 % aller Permutationen einen oder mehr Fixpunkte. Das heißt, mit großer Wahrscheinlichkeit bleibt beim Durchmischen aller Objekte mindestens ein Objekt an seinem ursprünglichen Platz.

Das war's. Wir haben's gepackt und sind fertig. Mit der Arbeit und vielleicht sogar mit den Nerven.

Muss man denn diesen ganzen Wirbel wirklich machen? Geht es nicht auch anders?

Was sagt der Erklär-Bär?

Erklär-Bär

Mensch, Mensch, den Wirbel muss man nicht machen. Trotzdem ist er lehrreich. Es geht aber auch anders.

Nämlich in Form eines direkten Angriffs. Der ist zwar schneller als das von hinten durch die Brust ins Auge von eben, aber man muss auch ein bisschen mehr Gehirnschmalz einsetzen.

Wenn wir nach der Gesamtzahl möglicher Permutationen von n Objekten mit mindestens k Fixpunkten fragen, dann kann diese Anzahl a_k berechnet werden, indem aus den n Plätzen k Plätze für die Fixpunkte auf

$$\binom{n}{k}$$

Arten ausgewählt und dann die restlichen $(n-k)$ Objekte auf $(n-k)!$ Arten beliebig hinzu permutiert werden. Das sind dann *mindestens* k Fixpunkte, weil unter den $(n-k)$ zugeordneten restlichen Objekte auch noch weitere Fixpunkte auftreten könnten. Insgesamt ist dann

$$a_k = \binom{n}{k}(n-k)!$$

Davon machen wir eine mentale Notiz.

Um jetzt als Zweites die Zahl der fixpunktfreien Permutationen d_n zu berechnen, muss man nur von allen Permutationen die Permutationen mit genau einem und genau zwei und genau drei und so weiter bis hin zu genau n Fixpunkten abziehen.

„Nur" ist gut! Es ist nicht einfach nur „nur". Man muss ziemlich dafür arbeiten. Ich sagte, glaube ich, schon, dass der direkte Angriff schwieriger ist.

Machen wir uns mit vereinten Kräften trotzdem daran.

Es sieht umständlich aus, aber mit einem Trick geht es leichter. Und zwar beginnen wir mit der Zahl aller Permutationen und subtrahieren davon die Zahl aller Permutationen mit *mindestens* einem (richtig gehört: hier steht jetzt „mindestens einem" und nicht „genau einem" wie vorher) Fixpunkt, addieren die Zahl aller Permutationen mit mindestens zwei Fixpunkten, subtrahieren die Zahl aller Permutationen mit mindestens drei Fixpunkten, und so weiter. Wie weit? So weit, wie es halt geht.

Addiert und subtrahiert werden müssen also die verschiedenen a_k und man erhält

$$d_n$$

$$= n! - \binom{n}{1}(n-1)! + \binom{n}{2}(n-2)! - \binom{n}{3}(n-3)! + \ldots$$

Und nach Division durch $n!$ ergibt sich abermals die Wahrscheinlichkeit für eine fixpunktfreie Permutation als

$$\frac{d_n}{n!} = 1 - \frac{1}{1!} + \frac{1}{2!} - \frac{1}{3!} + \ldots + \frac{(-1)^n}{n!} \approx \frac{1}{e}.$$

Das war schneller als beim ersten Anlauf. Aber wir mussten dafür einen coolen Kniff aus dem Köcher ziehen.

Habt ihr noch Lust für einen dritten Anlauf?

Falls ja, können wir es mal so probieren: Schreiben wir E_k für das Ereignis, dass bei einer rein zufällig ausgewählten Permutation an der Stelle k ein Fixpunkt ist, also das k-te Objekt nach dem Durchschütteln wieder an der k-ten Stelle steht. Dann ist die Wahrscheinlichkeit dieser Ereignisse E_k für alle k gleich $1/n$, weil es an jeder Stelle genau n Möglichkeiten der Zuordnung gibt.

Einer Permutation ganz ohne Fixpunkte entspricht in dieser Sprache die Situation, dass keines der Ereignisse E_1, E_2, ... , E_n eintritt, also immer von jedem das Gegenteil passiert. Für jedes der Ereignisse hat das Gegenteil die Wahrscheinlichkeit $1 - 1/n$. Wenn n groß ist, dann sind die Ereignisse E_1, E_2, ... , E_n annähernd unabhängig.

Warum nur annähernd?

Wenn zum Beispiel das Ereignis E_1 eintritt, bedeutet es unter anderem, dass das erste Objekt beim Permutieren nicht an die zweite Stelle gekommen ist. Das aber macht es ein klein wenig wahrscheinlicher, dass das zweite Objekt selbst an die zweite Stelle kommt, also Ereignis E_2 eintritt. Diese kleinen Beeinflussungen der Ereignisse untereinander zerstören die vollständige Unabhängigkeit.

Es gibt also eine sehr kleine Abhängigkeit zwischen diesen Ereignissen, die allerdings verschwindend klein ist, wenn die Zahl der Objekte groß ist. Rechnet man jetzt mit vollständiger Unabhängigkeit statt nur mit annähernder Unabhängigkeit weiter, dann ist die Wahrscheinlichkeit, dass die zufällig ausgewählte Permutation keinen Fixpunkt hat gleich der Wahrscheinlichkeit, dass keines der n Ereignisse E_1, E_2, ... , E_n eingetreten ist:

$$\left(1 - \frac{1}{n}\right)^n \approx \frac{1}{e}.$$

Das war's. Wieder dasselbe Ergebnis. Zum Glück.

> Jetzt haben wir drei verschiedene Überlegungen, die zum selben Ergebnis führen. Jeder (m/w) kann sich die aussuchen, die ihm am besten gefällt.

Und wir gehen einen Schritt weiter: Was für eine Bedeutung hat dieses doch ziemlich überraschende Ergebnis?

Nun, es hat den Zweiten Weltkrieg entschieden.

Im Ernst! Ihr habt euch nicht verhört. Und ich habe mich nicht versprochen.

Die deutsche Wehrmacht setzte während des Krieges die Verschlüsselungsmaschine *Enigma* ein. Mit ihr wurden alle extrem wichtigen Botschaften geheim übermittelt, zum Beispiel Schlachtpläne, Truppenstärken und Angriffszeiten.

Wegen der Verwendung einer Umkehrwalze bei der Verschlüsselung musste der Strom in der Enigma den Walzensatz in umgekehrter Richtung auch noch einmal durchlaufen. Praktisch bedeutete dies: Es konnte nie ein Buchstabe durch sich selbst verschlüsselt werden. Im Slang dieses Abschnitts könnte man sagen: Selbstbewichtelung unter den Buchstaben war bei deren Verschlüsselung unmöglich.

Das ist eine sehr starke Einschränkung der Verschlüsselungsmöglichkeiten der Enigma, wie wir an unseren Rechnungen oben gesehen haben. Diese große Einschränkung trug dazu bei, dass der britische Mathematiker Alan Turing die Codes der Enigma, obwohl sie ständig wechselten, schließlich entschlüsseln konnte. Damit waren die Alliierten immer im Voraus darüber informiert was Hitlers Streitkräfte vorhatten und wie sie es vorhatten.

Nach Meinung mancher Experten hat diese große Entschlüsselungsleistung einer für nicht angreifbar gehaltenen

Verschlüsselungsmaschine verbunden mit den Möglichkeiten, die das Geheimwissen den alliierten Generälen eröffnete, den Zweiten Weltkrieg entschieden. Einer, der es genau einschätzen konnte, der Oberbefehlshaber der alliierten Streitkräfte und spätere US-Präsident Dwight D. Eisenhower, bezeichnete die Entschlüsselung der Enigma als „entscheidend" für den Sieg.

Der britische Mathematiker Alan Mathison Turing hat den Zweiten Weltkrieg entschieden.

Muss nur
noch schnell
die Welt
retten!

Und letzten Endes zum guten Schluss – Aus meinem Tagebuch der Geburtstage

**Macht klar, dass schon in Kleingruppen zwei Menschen wahrscheinlich denselben Geburtstag haben.
Und wie man damit einen erfolgreichen Angriff aufziehen kann.**

Geburtstag feiern ist cool. Viele Geburtstage feiern ist noch cooler. Und offensichtlich ist es gesund. In einer Doktorarbeit von Sander den Hartog von einer Uni in Holland steht sogar, Studien hätten bewiesen, dass Menschen, welche die meisten Geburtstage feiern, im Schnitt am ältesten werden. Das glaube ich sofort, nur hätte ich keine Studie gebraucht, um das herauszufinden.

Ist euch eigentlich auch schon mal das passiert, was mir vor Kurzem passierte?

© Springer-Verlag Berlin Heidelberg 2016
C.H. Hesse, *Der SchnellerSchlauerMacher für Zufall und Statistik*,
DOI 10.1007/978-3-662-47120-3_17

Ich musste irgendwo einen Antrag stellen, und die Sachbearbeiterin fragte mich nach Name, Adresse, Geburtsdatum. Als ich ihr das Datum gab, stellte sich heraus, dass wir beide am selben Tag Geburtstag haben. „Was für ein Zufall!", sagten wir beide fast gleichzeitig und mussten lachen.

Ein Zufall ist es natürlich schon, aber ist es auch ein seltenes Ereignis? Wie oft kommt so etwas vor?

Es kommt sicher darauf an, wie groß die Gruppe von Leuten ist.

Kann die Message in der Zeichnung denn wirklich wahr sein? Ist die Wahrscheinlichkeit wirklich 50 %, dass schon bei 23 Personen mindestens ein doppelter Geburtstag auftritt?

Und wahrlich ich sage euch, es ist wirklich wahr.

Nun könnten Leute aufstehen und sagen: „Lasst euch von diesem Hesse keinen Bären aufbinden!"

Aber nein, ich würde euch ganz bestimmt nicht beschwindeln.

Für mich ist das hier wie in sein Tagebuch schreiben. Und würde man Unwahres schreiben, wenn man seinem Tagebuch etwas anvertraut? Täte man das, würde man sich selbst in die Tasche lügen: die ultimative Selbsttäuschung.

Aber zugegeben: Es ist eine überraschende Tatsache. Ein Bluff aber ist es nicht.

Ich will versuchen, euch davon zu überzeugen. Mit einem Echtzeitbeweis: sehen, lesen, drüber nachdenken, sofort verstehen. Dabei sollen die Zahlen mal für sich sprechen: Wir rechnen die Wahrscheinlichkeit des fraglichen Ereignisses so genau wie nötig aus.

Apropos dieses Ereignis: *mindestens ein doppelter Geburtstag*: Rechnerisch ist es eine ziemlich unhandliche Sache. Denn es schließt eine ganze Menge ein: nur zwei Personen, die denselben Geburtstag haben, oder sogar drei usw. Oder auch zwei Paare von Personen, die jeweils am selben Tag Geburtstag feiern, und noch andere Fälle mehr in rauen Mengen. All das schließt es ein. Es wirkt deshalb ziemlich unübersichtlich und vernebelt.

Geht man aber zum Gegenteil des Ereignisses über, dann verschwindet mit dieser Feel-Good-Idee der Nebel. Sofort. Denn das Gegenteil von *mindestens ein doppelter Geburtstag* ist natürlich *kein doppelter Geburtstag*. Im Klartext heißt das: Alle haben verschiedene Geburtstage. Und das ist eine einfache, klare Sache.

Wir können uns also mit diesem viel simpleren gegenteiligen Ereignis befassen. Damit werden wir nun fröhlich drauflos rechnen. Dann müssen wir am Ende der Rechnung nur daran denken, dass sich die Wahrscheinlichkeiten von Ereignis und gegenteiligem Ereignis zu 100 % addieren. Denn ein Drittes gibt es nicht: Entweder alle Geburtstage sind in einer Gruppe von Leuten verschieden, oder mindestens einer tritt doppelt auf. Diese beiden Fälle schließen sich aus und decken gleichzeitig alle Möglichkeiten ab.

Also dann und in diesem Sinne: Begeben wir uns auf die Suche nach der Wahrscheinlichkeit, dass bei N rein zufällig ausgewählten Menschen alle Geburtstage verschieden sind.

Das könnte ich antrittsschnell mit einem Kick'n'Rush erledigen. Aber ich möchte es euch langsam erklären, ohne Mathe-Special-Effects. Dazu werden wir ein bisschen kombinieren. Legen wir ein ganz normales Jahr von 365 Tagen zugrunde. Wenn es nur 2 Personen sind, gibt es $365 \cdot 365$ verschiedene Kombinationsmöglichkeiten ihrer Geburtstage. Eben 365 Möglichkeiten für jede der beiden Personen. Bei N Personen haben wir entsprechend 365^N Kombinationsmöglichkeiten.

Als Nächstes wird ausgezählt, bei wie vielen dieser 365^N Fälle alle Geburtstage verschieden sind. Wenn wir die Personen irgendwie durchnummerieren, dann hat die erste Person alle 365 Möglichkeiten für ihren Geburtstag. Für die zweite Person, die ja einen anderen Geburtstag haben soll als die erste, bleiben aber nur noch 364 Möglichkeiten, weil ein Datum von Person 1 belegt ist. Die 365 Möglichkeiten von Person 1 und die 364 Möglichkeiten von Person 2 sind beliebig kombinierbar. Also bestehen bei diesen zwei Personen insgesamt $365 \cdot 364$ Kombinationsmöglichkeiten ohne Gleichheit ihrer Geburtstage. Nennen wir solche Kombinationen mal *kollisionslos*.

Nun, für jede dieser $365 \cdot 364$ Geburtstagsmöglichkeiten von Person 1 und Person 2 gibt es 363 Möglichkeiten für Person 3, die ja ihren eigenen Geburtstag haben soll. Auch hier können wir die $365 \cdot 364$ Fälle frei mit den 363 Möglichkeiten von Person 3 kombinieren. Das führt auf $365 \cdot 364 \cdot 363$ kollisionslose Möglichkeiten für 3 Personen. Das Baumdiagramm hierfür sieht so ähnlich aus wie beim Abzählen der Möglichkeiten beim Lotto.

Damit ist das Muster eigentlich schon klar. Nach jeder weiteren Person steht immer ein Geburtsdatum weniger zur Verfügung. Für N Personen gibt es demnach

$$365 \cdot 364 \cdot 363 \cdot \ldots \cdot (365 - N + 1)$$

kollisionslose Möglichkeiten.

Jetzt nehmen wir an, dass alle Geburtstage gleich wahrscheinlich sind. Dann muss man die oben ausgezählten Fallzahlen einfach ins Verhältnis setzen, um die gesuchte Wahrscheinlichkeit zu bestimmen.

Welchen Anteil machen also die kollisionslosen Möglichkeiten an allen Möglichkeiten aus?

Zum Beispiel ist für $N = 23$ Personen:

$$P \text{ (alle 23 Geburtstage verschieden)}$$

$$= \frac{365 \cdot 364 \cdot 363 \cdot \ldots \cdot (365 - 22)}{365^{23}}$$

$$= 1 \cdot (1 - p) \cdot (1 - 2p) \cdot \ldots \cdot (1 - 22p)$$

$$\approx e^{-p} \cdot e^{-2p} \cdot \ldots \cdot e^{-22p} \approx e^{-11 \cdot 23 \cdot p},$$

wobei wir $p = 1/365$ gesetzt haben. Hier angekommen bleibt nur noch ein kleiner Schritt für einen Menschen:

$$P \text{ (mindestens ein doppelter Geburtstag)}$$

$$= 1 - P \text{ (alle 23 Geburtstage verschieden)}$$

$$\approx 1 - e^{-11 \cdot 23 \cdot p}.$$

Mit $p = 1/365$ ist das der Wert 0,500. Dies ist nur ein Näherungswert, aber er kommt dem genauen Wert 0,507 ausgesprochen nahe.

Diese Rechnung erlaubt den Vergleich, dass bei 23 zufällig zusammenkommenden Personen die Chance für doppelte Geburtstage ziemlich genau dieselbe ist wie die, mit einer Münze *Kopf* zu werfen. Oder auch *Zahl*. Eben fifty-fifty. Die Tatsache, dass man nur 23 zufällige Personen dafür braucht und nicht wesentlich mehr, wie unser Anfangsgefühl sagt, nennt man *Geburtstagsparadoxon*. Im Kultbestseller *Per Anhalter durch die Galaxis* (Original: *The Hitchhiker's Guide to the Galaxy*) meinte Douglas Adams, dass 42 letztlich die Antwort auf die ultimative Frage nach dem Leben und dem ganzen Rest ist. Ich muss ihn da korrigieren: Beim Geburtstagsparadoxon lautet sie 23.

Und wenn ihr zum Beispiel Fußballfan seid, dann wisst ihr auch, wo man Gruppen von 23 Personen standardmäßig finden kann. Bei jedem Fußballspiel ist das die Zahl der Spieler auf dem Feld plus Schiedsrichter. Jedenfalls, wenn der noch keine rote Karte gezückt hat.

Wo war ich? Ah ja. Wir hatten die ultimative Antwort auf die Frage ausgerechnet, die das Geburtstagsparadoxon stellt. Die überraschend klein ist.

Eine Frage bleibt noch offen: Warum ist diese Zahl so klein?

Herr Erklär-Bär?

Erklär-Bär

Bin schon da!

Ja, warum braucht man nur so wenige Leute? Die Anzahl ist so klein, dass sie unserem Bauchgefühl für das, was da richtig ist, total widerspricht. Fragt man nämlich unter Otto Normalmenschen, also hauptsächlich Non-Mathe-People, so wird die Wahrscheinlichkeit für doppelte Geburtstage unter 23 zufällig ausgewählten Personen im Schnitt in der Gegend von 5 % vermutet. Das ist nur ein Zehntel vom richtigen Wert.

Bei 23 zufällig ausgewählten Geburtstagen ist der Abstand von einem zum nächstfolgenden im Jahresverlauf durchschnittlich zwei Wochen. Das ist viel. Im Mittel, wie gesagt. Wenn einer der Abstände 0 ist, haben wir einen doppelten Geburtstag. Man kann sich aber die kleine Lösung von 23 so veranschaulichen, dass selbst bei dieser kleinen Zahl von Geburtstagen eine große Zahl paarweiser Vergleiche möglich ist, nämlich genau

$$\binom{23}{2} = \frac{23 \cdot 22}{2} = 253.$$

Man darf die Frage, auf die 23 die Antwort ist, nicht mit der Frage verwechseln, wie wahrscheinlich es ist, dass irgendeine von mehreren Personen an einem bestimmten Tag Geburtstag hat, etwa am 2. August. Soll diese Wahrscheinlichkeit mindestens fifty-fifty sein, dann braucht man hierfür mindestens 253 Personen.

Davon können wir uns schnell überzeugen: Irgendeine Personen hat nicht am 2. August Geburtstag mit Wahrscheinlichkeit

$$\frac{364}{365}.$$

Keine von K Personen hat am 2. August Geburtstag mit Wahrscheinlichkeit

$$\left(\frac{364}{365}\right)^{K}.$$

Mindestens eine der K Personen hat am 2. August Geburtstag mit Wahrscheinlichkeit

$$P = 1 - \left(\frac{364}{365}\right)^{K}.$$

Diese Wahrscheinlichkeit für eine Kollision mit einem fest vorgegebenen Geburtstag wächst mit der Gruppengröße K viel langsamer an als die Wahrscheinlichkeit für eine Kollision zwischen zwei ganz beliebigen Geburtstagen in der Gruppe.

Das P in der letzten Formel überschreitet für $K = 253$ erstmals den Wert $1/2$. Bei 253 Personen gibt es 253 paarweise Vergleiche mit dem festgelegten Geburtstag des 2. August. Genauso viele paarweise Vergleiche gibt es innerhalb einer Gruppe von 23 Personen untereinander.

Ihr denkt vielleicht jetzt: Der Erklär-Bär kann uns ja viel erzählen. Und vielleicht glaubt ihr ihm das alles gar nicht, nicht einmal das Argument mit der großen Zahl paarweiser Vergleiche, die es selbst in kleinen Gruppen gibt.

Dann lasst uns zusammen etwas real-lifen. Anhand einer kleinen Vergnügungsübung.

Nehmen wir uns mal das Sommermärchen vor: die Spiele der Fußball-WM 2006 in Deutschland. Es waren 64 Spiele. Für jedes dieser Spiele hat sich eine Studentin die Mühe gemacht, die Geburtstage aller Spieler in der Startaufstellung und des Schiedsrichters ausfindig zu machen. Ergebnis: Bei 34 dieser 64 Spiele kam es zu doppelten Geburtstagen. Das sind 53,1 %, was in guter Übereinstimmung mit dem theoretischen Wert von 50,7 % ist.

Ganz besonders geburtstagslastig war das Spiel Niederlande gegen Argentinien mit gleich drei Paaren jeweils gleicher Geburtstage. Eine weitere Info von dieser WM habe ich auch noch beizusteuern: Der Kader der deutschen Fußballnationalmannschaft für dieses WM-Turnier bestand auch aus 23 Spielern. Und? Ja, Mike Hanke und Christoph Metzelder feiern beide am 5. November Geburtstag.

Kann man mit diesem Geburtstagsparadoxon irgendwas Nützliches anfangen? Oder ist das nichts anderes als eine kleine Spielerei von Mathematikern für Mathematiker?

Um darauf gleich zu antworten: Es ist keine Spielerei, und man kann etwas damit anfangen. Es gibt sogar sehr viele und sehr faszinierende Anwendungen.

Zum Beispiel kann man die Denkweise auch auf andere, aber vergleichbare Situationen anwenden. Man könnte sich etwa fragen, wie wahrscheinlich der Zufall ist, dessen eine Hälfte am 20. Dezember 1986 und dessen andere Hälfte am 21. Juni 1995 passierte? Ich bin ziemlich sicher, dass ihr keinen blassen Schimmer habt, was denn das gewesen sein könnte.

Nun, an beiden Tagen wurden im deutschen Lotto *6 aus 49* genau die gleichen Zahlen gezogen, nämlich: 15, 25, 27, 30, 42, 48.

Ist das nicht in diesem Fall wirklich ein Wahnsinn? Muss dieser Lotto-Doubleheader nicht ganz und gar astronomisch unwahrscheinlich sein? Denn immerhin gibt es

$$\binom{49}{6} = 13.983.816$$

verschiedene Ziehungsmöglichkeiten. Und die Ziehung am 21. Juni 1995 war erst die 3017. Ziehung im deutschen Lotto.

Na gut, unser Gefühl sagt, diese frühe Wiederholung einer Tippreihe ist unwahrscheinlich. Aber was sagt die Wahrscheinlichkeitstheorie? Vom Prinzip her liegt uns die Antwort schon vor. Das, was wir oben gedacht und gemacht haben, muss nur an diese neue Situation angepasst werden.

Statt 365 gleich wahrscheinliche Geburtstage haben wir es hier mit 13.983.816 gleich wahrscheinlichen Ziehungsmöglichkeiten zu tun. Statt der 23 zufällig ausgewählten Geburtstage haben wir 3017 Zufalls-Ziehungen von Lottozahlen.

Die frühere Formel angewendet auf die neuen Zahlen ergibt eine Wahrscheinlichkeit von

$$P \text{ (mindestens zweimal dieselben Lottozahlen)}$$
$$= 1 - e^{-\frac{3016 \cdot 3017}{13.983.816 \cdot 2}} = 0{,}28.$$

Das ist keine kleine Wahrscheinlichkeit und entsprechend überhaupt nicht weiter weltbewegend ist es, unter 3017 Ziehungen eine Dopplung von Gewinnzahlen zu erleben. (Autor an Erklär-Bär: Na, ich hoffe, Sie sind nicht nur ein bisschen stolz auf mich ☺.)

Eine Anwendung auf einem ganz anderen Gebiet gibt's bei Organspenden. Diese sind mit Risiken verbunden. Um das Risiko für den Organempfänger so gering wie möglich zu halten, müssen zahlreiche Charakteristiken wie Blutgruppe, Rhesusfaktor und andere immunologische Marker zum Spender passen.

Diese Infos über Organspender und Organsuchende werden in Datenbanken gespeichert. Dann ist es oft notwendig, die Wahrscheinlichkeit zu berechnen, dass eine bestimmte Kombination von Charakteristiken in der Datenbank tatsächlich vorkommt. Interessant ist auch die Wahrscheinlichkeit, dass zwei Menschen in der Datenbank dieselbe Kombination mehrerer Charakteristiken aufweisen. Das ist indirekt die Frage nach der Dopplung von Geburtstagen in einer Gruppe von Menschen.

Die Antworten können Medizinern bei der Einschätzung der Chancen nützlich sein, in der Datenbank günstige Spender-Empfänger-Paare zu finden.

Also ist das eine extrem wichtige Anwendung.

Eine andere gibt es in der Kriminalistik.

Kriminologen benutzen ähnliche Kalkulationen wie beim Geburtstagsproblem zum Beispiel für die Berechnung der Wahrscheinlichkeit, dass allein durch Zufall in einer Datenbank mit DNA-Profilen von Straftätern, Übereinstimmungen auftreten. DNA-Profile werden heutzutage aus den Eigenschaften auf 13 verschiedenen Chromosom-Abschnitten erstellt. Die Profile sind also sehr detailliert. Das führt dazu, dass die Übereinstimmungs-Wahrscheinlichkeit irgendeines Profils mit einem *vorgegebenen* Profil bei $p = 1 : 10$ Milliarden liegt. Ähnlich wie beim Geburtstagsproblem ist es aber sehr viel wahrscheinlicher, dass zwei *beliebige* Menschen in der Bevölkerung dasselbe Profil haben.

Das Geburtstagsproblem ist auch die Grundlage für den *Geburtstagsangriff*: Seit dem Geburtstagsparadoxon wissen wir, dass die Menschengruppe, die mit großer Wahrscheinlichkeit einen doppelten Geburtstag enthält, viel kleiner ist als die Gruppe, in der mit großer Wahrscheinlichkeit eine Person an einem bestimmten Tag Geburtstag feiert.

Genau an dieser Tatsache setzt der Geburtstagsangriff in der Verschlüsselungstechnik an. Der Geburtstagsangriff versucht, zwei beliebige Eingabedaten zu finden, die bei individueller Verschlüsselung denselben verschlüsselten Output ergeben. Das ist viel einfacher zu schaffen, als für einen verschlüsselten Output den Klartext als Input zu finden, der zu dieser Verschlüsselung geführt hat. Ein geglückter Geburtstagsangriff ist die erste Stufe zum erfolgreichen Knacken eines Verschlüsselungs-Codes.

Das Nachwort ... für alle Altersklassen

Das war's schon. Scha.de!

Jedenfalls empfinde ich das so. Denn es hat irrsinnig viel Spaß gemacht, dieses Buch für euch zu schreiben. Wenn ihr nur halb so viel Freude beim Lesen hattet, dann fragt Ihr euch vielleicht, ob es eine Fortsetzung gibt.

Möglich ist es: Keine unserer Hauptpersonen ist aus dramaturgischen Gründen am Ende gestorben. Und ich habe auch noch nicht alles gegeben, was ich habe. Es gibt noch viele faszinierende Dinge zu erzählen über den Zufall und seine Mathematik. Die Arbeit am zweiten Band läuft jedenfalls schon. Jetzt aber brauche ich erst einmal eine Pause.

Der Autor als solcher
(Vor Diktat verreist)

© Springer-Verlag Berlin Heidelberg 2016
C.H. Hesse, *Der SchnellerSchlauerMacher für Zufall und Statistik,*
DOI 10.1007/978-3-662-47120-3

Der Autor ..., wer ist das eigentlich?

Christian Hesse lebt seit 1960. Geboren wurde er in Oberkirchen und anschließend 19 Jahre zwischengelagert

Der Mathe-Mann aus Mannheim

in einem Vorort im sauerländischen Attendorn, wo er auch sein Abitur machte. Danach zog es ihn in die Welt, und er tummelte sich an wechselnden Orten fast zehn Jahre in den USA, ein Jahr in Australien und ein halbes Jahr in Kanada. Zwischendrin hat er viele andere Orte im In- und Ausland beruflich bereist. Als er 1991 an die Universität Stuttgart berufen wurde, war er laut Recherchen der *Stuttgarter Zeitung* der jüngste Professor Deutschlands. Aktuell lebt er mit seiner Familie „meistens ganz zufrieden" in Mannheim.

Als Haupthobby nennt er „Wohnen". Und dann auch noch „Lesen, Schreiben, Schlafen, Schach". Er hat ungefähr zehn Bücher geschrieben, die in mehrere Sprachen vom Englischen bis ins Japanische und Koreanische übersetzt sind, wie zum Beispiel den internationalen Bestseller *Warum Mathematik glücklich macht*. Im Moment findet er es noch nicht blöd, der drittbekannteste Mathematiker Deutschlands zu sein.

Verwendete und weiterführende Literatur

Barboiann, C. (2009): The Mathematics of Lottery. Craiova, Infarom.

Bewersdorff, J. (2007): Glück, Pech und Bluff. 4. Auflage. Wiesbaden, Vieweg.

Engel, A. (2000): Stochastik. Stuttgart, Klett.

Hardy, G. H. (1940): A Mathematician's Apology. Cambridge, Cambridge University Press.

Henze, N. (2013): Stochastik für Einsteiger. 10. Auflage. Wiesbaden, Springer Spektrum.

Hesse, C. (2009): Wahrscheinlichkeitstheorie. 2. Auflage. Wiesbaden, Vieweg und Teubner.

Hesse, C. (2012): Warum Mathematik glücklich macht. 4. Auflage. München. C. H. Beck.

Hesse, C. (2013): Das kleine Einmaleins des klaren Denkens. 4. Auflage. München, C. H. Beck.

Hesse, C. (2014): Math up Your Life. ZEIT-ONLINE, http://www.blog.zeit.de/mathe/

Ruggles, R. & Brodie, H. (1947): An Empirical Approach to Economic Intelligence in World War II. JASA, 42, 72–91.

v. Randow, G. (2004): Das Ziegenproblem: Denken in Wahrscheinlichkeiten. 9. Auflage. Reinbeck, Rowohlt.

Wikipedia: https://www.wikipedia.de

Der Dank ..., an wen und wofür?

Ich danke dem Zufall, ohne den ich dieses Buch weder hätte schreiben können noch schreiben müssen. Danke-schönst.

Neben Zufallseinflüssen waren auch einige Menschen an diesem Endprodukt beteiligt. Ich bedanke mich bei all jenen ganz herzlich, die mir in den verschiedenen Stadien in irgendeiner Weise geholfen haben, dieses Projekt zu verwirklichen.

Ich danke dem Verlag Springer Spektrum für die Aufnahme des Buches in das Verlagsprogramm und eine immer erfreuliche Zusammenarbeit. Besonders hervorheben möchte ich Dr. Andreas Rüdinger, der eine Zwischenversion des Manuskripts gelesen hat und mir viele nützliche Anregungen zukommen ließ. Ferner danke ich Bianca Alton für die exzellente Betreuung des gesamten Buchprojekts.

Alex Balko bin ich zu großem Dank verpflichtet für die wunderbare zeichnerische Umsetzung meiner Ideen zur Bebilderung der verschiedensten Themen.

Ein besonderer Dank geht an Vlad Sasu für Freundschaft und für die mich immer begeisternde gemeinsame Arbeit an den Abbildungen und den Sprechblasen der Zeichnungen.

Hier wie auch sonst gebührt mein größter Dank meiner Familie: Andrea, Hanna und Lennard – für die Unterstützung und überhaupt. Ihnen ist das Buch gewidmet.

Der Abspann ... nebst Abgang

Damit ist alles gedacht, gesagt und gezeichnet. Statt ungestümer Schluss-Offensive, resümierender Schluss-Formel oder -folgerung kommt jetzt nur noch der Countdown zum Schluss-Strich.

Moment, Moment. Hier spricht auch noch ein letztes Mal der Erklär-Bär aus dem Off. Ohne etwas von mir kann das Buch nicht zu Ende gehen. Also:

Das getwitterte Nachwort

Das waren sie. Gut und gerne 17 satte Kapitel zum Zufall. Dabei ging's ums Ganze, denn Zufall ist unser Leben.

Ein Danke-sehr dem Erklär-Bär. Aber jetze: Countdown zum Schluss-Strich

$$4, \pi, e, \sqrt{2}, 0{,}\overline{9}, 1/2, 0 \text{——————————}$$

Sachverzeichnis

Willkommen zu den Springer Alerts

- Unser Neuerscheinungs-Service für Sie:
  aktuell *** kostenlos *** passgenau *** flexibel

Springer veröffentlicht mehr als 5.500 wissenschaftliche Bücher jährlich in gedruckter Form. Mehr als 2.200 englischsprachige Zeitschriften und mehr als 120.000 eBooks und Referenzwerke sind auf unserer Online Plattform SpringerLink verfügbar. Seit seiner Gründung 1842 arbeitet Springer weltweit mit den hervorragendsten und anerkanntesten Wissenschaftlern zusammen, eine Partnerschaft, die auf Offenheit und gegenseitigem Vertrauen beruht.

Die SpringerAlerts sind der beste Weg, um über Neuentwicklungen im eigenen Fachgebiet auf dem Laufenden zu sein. Sie sind der/die Erste, der/die über neu erschienene Bücher informiert ist oder das Inhaltsverzeichnis des neuesten Zeitschriftenheftes erhält. Unser Service ist kostenlos, schnell und vor allem flexibel. Passen Sie die SpringerAlerts genau an Ihre Interessen und Ihren Bedarf an, um nur diejenigen Information zu erhalten, die Sie wirklich benötigen.

Mehr Infos unter: springer.com/alert